Das Leben im Wald

Weltbild Buchverlag –Originalausgaben–
Genehmigte Lizenzausgabe für Verlagsgruppe Weltbild GmbH, Augsburg

Umsetzung: Thema media GmbH, Zeppelinstraße 43, 81669 München

Projektleitung BILD: Florian von Heintze
Projektleitung Weltbild: Almut Seikel
Projektleitung Thema media: Angelika Lang, Felix Hilschmann
Artdirection: Veronika Illmer (BILD)
Redaktion Thema media: Regine Watscheid, Angelika Lang, Doris Gottwald
Übersetzung Thema media: Uta Over, Gina Beitscher
Satz Thema media: Thomas Holzner
Druck und Bindung: MOHN Media – Mohndruck GmbH,
Carl-Bertelsmann-Straße 161, 33311 Gütersloh

Gedruckt auf chlorfrei gebleichtem Papier

Printed in Germany

ISBN 3-89897-442-1

Das Leben im Wald

Weltbild

Inhalt

Geheimer Unterschlupf

Wo sich Tiere vor ihren Feinden verstecken und ihren Nachwuchs großziehen

Leben im hohlen Baum 10
Im Dickicht des Brombeerstrauchs 14

Am Boden und in den Bäumen

Überlebensrezept Anpassung – die besten Tricks der scheuen Tiere

Flinkes Eichhörnchen 20
Die Waldschnepfe 26
Die Rötelmaus, ein „Schattentier“ 30
Der Waldbaumläufer – am Stamm unterwegs 34
Die Spechte 38

Seltsame Insekten

Wie sie die Kunst der Tarnung auf die Spitze treiben

Tarnung bei Insekten 44
Der Hirschkäfer – ein Gigant 48
Im Ameisenreich 52

Die Pflanzen des Waldes

Was die Natur so alles anstellt, um die schönsten Farben zu zeigen

Vom Boden bis in die Kronen 56

Die Farne 60

Waldpilze 66

Haarwild

Wie Sie die Spuren der Tiere lesen lernen

Spuren und Fährten 72

Das Familienleben der Füchse 76

Starke Schwarzkittel 82

Scheues Rehwild 90

Am Dachsbau 96

Die Bäume des Waldes

Bunter die Blätter nie leuchten: ein Spaziergang im Kosmos Natur

Unter dem Blätterdach der Laubbäume 102

Die Nadelbäume 108

Der Wald bei Nacht 114

Von A bis Z · Bildnachweis 120

Ein Eichhörnchen hält neugierig Ausschau

Liebe Leserinnen und Leser,

was wissen wir noch von der Natur? Für die meisten von uns gilt: Viel zu wenig! Unsere Kenntnis der Vogelwelt beschränkt sich auf Amsel und Stadttaube, im Teich erkennen wir nur den Goldfisch, und wer wüßte die heimischen Gräser, Flechten und Bäume fehlerfrei zu bestimmen?

Dabei ist das Leben auch der hiesigen Tiere und Pflanzen eine Welt voller faszinierender Fragen: Warum gibt es so viele Arten? Wie entstehen Symbiosen? Wie meistern Steinböcke extreme Kälte, wie die Tiere im Watt den Gezeitenwechsel, wie Teichmuscheln den Sauerstoffmangel am Grund des Sees?

Jedes Tier, ob Kriebelmücke, Kreuzspinne oder Hausspatz, ist ein Wunder der Evolution; und auch jede Pflanze. Jedes Individuum kämpft gegen Wind und Wetter, um Platz und Nahrung, gegen Feinde und Konkurrenten. Mit Zähnen und Klauen, mit Gift und Tarnung, mit Ausdauer, Vorsicht oder Schnelligkeit.

Diese Vielfalt von Flora und Fauna, ihrer Strategien und Überlebensmittel, ist das große Rätsel der Schöpfung. Für dieses Wunder, das uns überall täglich begegnet, wollen der WWF und BILD den Blick schärfen: Mit insgesamt sechs Bänden über das Leben an Bächen und Seen, im Wald, im Gebirge, an Küste und Meer, in Feld und Wiese und im Garten.

Sechs Bände über die Schönheit und Faszination der Natur – und über ihre Gefährdung. Denn auch bei uns verschwinden Lebensräume und Arten – nicht immer aus Gier, auch aus Gleichgültigkeit, Unkenntnis, Gedankenlosigkeit.

Das wollen wir ändern. Denn Naturschutz funktioniert nur mit den Menschen, mit jedem von uns. Nur wer die Wunder und Schönheiten der Natur erkennt, weiß auch, was verlorengeht.

Doch geht es nicht nur um Tiere und Pflanzen. Letztlich geht es um uns. Ohne Naturschutz, ohne sauberes Wasser, reine Luft und unverseuchte Böden, werden auch wir nicht überleben. Jeder Naturschutz ist auch Schutz des Menschen.

Beides, die Faszination der Natur wie auch unser eigenes Interesse an ihrer Erhaltung, wollen diese Bände deutlich machen. Nicht belehrend, sondern bezaubernd – mit Grafiken und Informationen, vor allem aber mit phantastischen Fotos!

Viel Spaß beim Lesen und Blättern wünschen herzlich Ihr

Kai Diekmann
Chefredakteur BILD

Prof. Dr. Detlev Drenckhahn
Präsident des WWF Deutschland

Waldkauz am Höhleneingang

Siebenschläfer am Höhleneingang

GEHEIMER UNTERSCHLUPF

In der vielfältigen Vegetation des Unterholzes finden zahlreiche Tiere Schutz. Doch das ist nicht alles. Ganze Welten warten hier auf sie, in denen es sich gut nisten, jagen und Nahrung suchen läßt.

Leben im hohlen Baum

Krumm und knorrig geworden, trotzen alte Bäume Wind und Wetter. Dort, wo Witterung und Altersschwäche Wunden geschlagen haben, sind Höhlungen entstanden, in deren Schutz viele kleine Waldtiere leben.

Die Kräfte der Natur formen das Aussehen unserer Erde, und kaum ein Baum wird von den Stürmen verschont, die über unsere Wälder hinwegbrausen – abgerissene Äste sind Zeugen für die Kraft des Windes. Nach einem verheerenden Sturm zeigen die Bäume klaffende Wunden, an denen die Witterung weiterarbeitet. Im Laufe der Zeit werden sie zur Wohnstätte für viele kleine Tiere des Waldes.

Als Naturliebhaber weiß man, daß diese geschützten Plätze nicht nur von einer einzigen Tierart genutzt werden. Wie alles in der Natur sind sie einem ständigen Wandel unterworfen. Eine Fuge in der Baumrinde verändert sich genauso wie der Baum selbst: Mit dem Wachstum und Alter des Baumes vergrößert sie sich und wird für andere Bewohner interessant. Der kleine Riß in der Rinde, anfangs nur das Schlupfloch für ein holzfressendes Insekt, wird im Laufe der Jahre oder Jahrzehnte ausgewaschen und ausgebrochen, und immer größere „Mieter" ziehen ein.

UNWETTER

Die meisten Hohlräume in Bäumen gehen auf das Konto von Stürmen und Unwettern. Innerhalb weniger Stunden können durch Windbruch Dutzende von Nistmöglichkeiten für Vögel und Wohnungen für kleine Säugetiere oder Wirbellose entstehen. Solche Ereignisse wiederholen sich laufend über das ganze Jahr, und so herrscht niemals Mangel an Zufluchtsstätten. Hinzu kommt der natürliche Alterungsprozeß der Bäume, der im Holz Schwachstellen entstehen läßt. Äste werden morsch und brechen weg, Elastizität und

◀ **Größere Hohlräume in Bäumen werden vom Waldkauz besetzt, der dort brütet und seine Jungen aufzieht. Platz muß sein für drei Junge und einen Altvogel.**

◀ **Eichen erreichen ein hohes Alter. Kein anderer Baum unserer Wälder und Parks hat einen so stark zerklüfteten Stamm.**

▶ **Der Siebenschläfer wohnt im Sommer tagsüber in einer mit Laub gepolsterten Baumhöhle, den Winter verschläft er in einem selbstgegrabenen Erdloch.**

LANGSCHLÄFER

Der Siebenschläfer, so sagt man allgemein, gehört zu jenen Tieren, die am längsten schlafen. Das stimmt tatsächlich, denn der Siebenschläfer braucht nicht nur über ein halbes Jahr für den Winterschlaf, auch im Sommer verschläft er bei verlangsamtem Stoffwechsel den ganzen Tag. Baumhöhlen sind ihm als Nist- und Ruheplatz am liebsten, selten jedoch benutzt er im Sommer dieselbe Höhle wie im Winter. Gegen Ende des Frühjahrs baut der Siebenschläfer hoch oben im Baum in einem Versteck ein kugelförmiges Nest, das er sorgfältig mit Gras, Moos und Fallaub ausstattet. Im Herbst zieht er dann weiter nach unten und überwintert in Erdlöchern, Mauerspalten oder in einer Baumhöhle ganz in der Nähe des Bodens.

Im Sommer richten sich Siebenschläfer in einem Baumloch ein und verbringen den Tag dort schlafend.

Gut geschützt und warm überwintert diese kleine Haselmaus in einem schützenden Nest am Boden.

Regenerationsfähigkeit von Rinde und Holzkörper lassen nach, Pilzsporen können eindringen. In dem alten Baum bilden sich immer mehr Risse und Hohlräume.

Ein großer Teil der Waldvögel ist beim Brüten auf solche Vertiefungen angewiesen, wie beispielsweise der weit verbreitete Gartenrotschwanz und der Trauerfliegenschnäpper. Auch die häufiger vorkommenden Meisen nutzen diese ökologische Nische. Blaumeise und Kohlmeise, die sowohl im Wald als auch in Gelände mit lockerem Baumbestand nisten, bevorzugen ältere Höhlen, nehmen daneben aber auch vom Menschen gestellte Nistkästen an. Ihre Verwandten, die Sumpf- und die Weidenmeise, die beide relativ häufig sind, und auch die etwas kleinere Haubenmeise haben eine andere Strategie in bezug auf ihren Nistplatz entwickelt: Sie erweitern Hohlräume in Bäumen, auch solche, die bereits von anderen Vögeln genutzt wurden. Die Konkurrenz um diese Nisthöhlen ist manchmal hart, und so erstaunt es nicht, dass jede Vogelart sich auf einen bestimmten Durchmesser des Eingangslochs zur Höhle spezialisiert hat, der exakt zu ihrer Größe paßt. Manche Vögel vergrößern den Einschlupf, wenn er zu klein ist, der Kleiber macht das Gegenteil. Erscheint ihm die Öffnung zu weit, verklebt er sie mit Lehm und Schlamm, bis er sich gerade noch durchzwängen kann. Auf diese Weise hält er Konkurrenten und Nesträuber von seiner Bruthöhle fern.

SELBST IST DER VOGEL

Nicht alle Vögel suchen nach vorhandenen passenden Nisthöhlen. Besonders die Spechte sind Meister darin, sich ihre Nistkammer selbst herzustellen. Mit enormer Energie schlagen sie ihren harten Schnabel in morsches Holz und meißeln einen passenden Hohlraum heraus. Die meisten der bei uns lebenden Spechtarten – wie der Grünspecht, der Buntspecht und der Kleinspecht – bauen sich so jedes Jahr eine neue Behausung. Das ist zwar recht kräftezehrend, garantiert ihren Jungen aber ein absolut sicheres Nest.

Eine Höhle, die schon länger als zehn Jahre existiert, ist meist geräumig genug, um auch größere Vögel zu beherbergen. Dohlen und Tauben bevorzugen Höhlen am Waldrand, da sie von dort aus schnell offenes Gelände erreichen. Bei entsprechender Größe nisten sich manchmal sogar Turmfalken ein, auch Schleiereulen oder Waldkäuze ziehen hier gern ihre Jungen auf. Große, alte Baumhöhlen im Inneren des Waldes dienen dem Rauhfußkauz als Brutplatz in einem Revier, das er Jahr für Jahr singend verteidigt.

Diese natürlichen Nistplätze im Wald ziehen auch kleine Säugetiere an, wie beispielsweise die Gelbhalsmaus oder die Haselmaus. Sie sind hervorragende Kletterer und besuchen regelmäßig zu bestimmten Jahreszeiten Höhlen und Astlöcher.

Auch die Waldmaus ist ein regelmäßiger Gast in hohlen Bäumen. Untersuchungen

Hohle Bäume bieten Waldfledermäusen wie diesem Langohr am Tag Schutz vor Feinden und ungünstiger Witterung.

Dieses Haubenmeisen-Weibchen hat ein Loch in einem Baum vergrößert und dort ein Nest gebaut. Manchmal besetzt es auch verlassene Höhlen.

Der Iltis, ein Mitglied der Familie Marder, bewohnt aufgelockerte Waldlandschaften, gern in Wassernähe. Er jagt vor allem in der Dämmerung und nachts.

Höhlen verändern sich

Etwas Märchenhaftes haben die Aushöhlungen in alten Bäumen, sie scheinen in eine geheime Welt zu führen. Jede hat ihre Geschichte und hat den Baum geprägt. Sie bietet einer Vielzahl von Tieren und Pflanzen Unterkunft und Schutz.

Mit seinem kräftigen Schnabel meißelt der Grünspecht seine Nistkammer aus einem morschen Baum. Sie kann bis zu 8 m über dem Boden liegen.

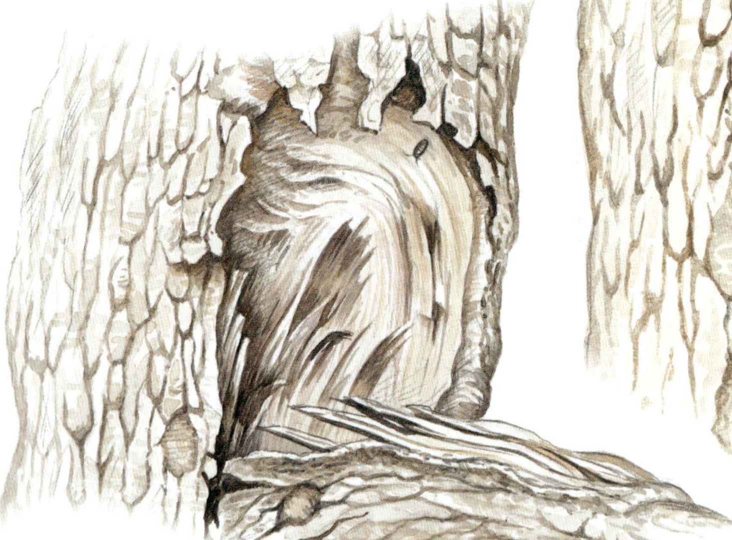

1 Nach dem Sturm
Der Herbststurm hat einen mächtigen Ast abgebrochen und dem Baum eine große Wunde geschlagen.

2 Einige Jahre später
Im Laufe der Jahre begann das Holz zu faulen. Eine Waldmaus hat das Loch entdeckt und baut sich jetzt dort ein kuscheliges Nest.

haben ergeben, daß sie sich ganz wie ein Baumbewohner verhält. Wie das flinke Eichhörnchen oder der Siebenschläfer, die ebenfalls zu den Nagetieren zählen, schätzt die Waldmaus Baumhöhlen ganz besonders als Unterschlupf während des Winters.

In hohlen Bäumen finden auch die unterschiedlichen Waldfledermausarten, wie das Braune Langohr, die Wasserfledermaus oder die Rauhhautfledermaus, Schutz und Nahrung (in Form zahlreicher Insekten); manche Arten wie die Rauhhautfledermaus überwintern sogar in den Höhlen. Der große Abendsegler bezieht manchmal die verlassenen Nester der Spechte. Die größten und am besten gegen Witterungseinflüsse geschützten Höhlen werden von vielen unterschiedlichen Tieren tagsüber als Unterschlupf und in der kalten Jahreszeit für den Winterschlaf aufgesucht.

Doch nicht nur Vögel und Säugetiere nutzen die kleineren Astlöcher und Baumhöhlen. Auch Wirbellose, wie Asseln, Spinnen, Käfer und Tausendfüßer, suchen hier am Tag zeitweise Schutz. Andere Insekten wohnen sogar ständig in Höhlen. Wilde Honigbienen zum Beispiel kommen in Laubwäldern häufig vor. Wenn kein künstlicher Bienenstock angelegt wurde, besetzen sie hohle Bäume und lassen sich von keinem der früheren Bewohner vertreiben. Hummeln nehmen mit ganz einfachen Höhlen vorlieb. Hornissen dagegen,

◀ Hummeln bauen ihr mit einer Wachskuppel verschlossenes Nest in Asthöhlen. Es wird gegen andere Interessenten und Feinde energisch verteidigt.

▲ Der Wollige Scheidling mit seinem weißlichen, fleischigen Hut wächst in und an Hohlstellen von Bäumen. Seine Oberfläche ist wollig seidig.

▲ Im Sommer richten sich Eichhörnchen in Baumhöhlen ein, um ihre Jungen aufzuziehen. Sie vergrößern die Höhle nach ihren Bedürfnissen.

3 Nach längerer Zeit
Die Waldmaus hat die Höhle verlassen, jetzt hat ein Kleiberpaar das Astloch entdeckt. Bevor es sich hier einnistet, muß es einige Umbauten vornehmen, wie die Verkleinerung des Eingangs mit Lehm.

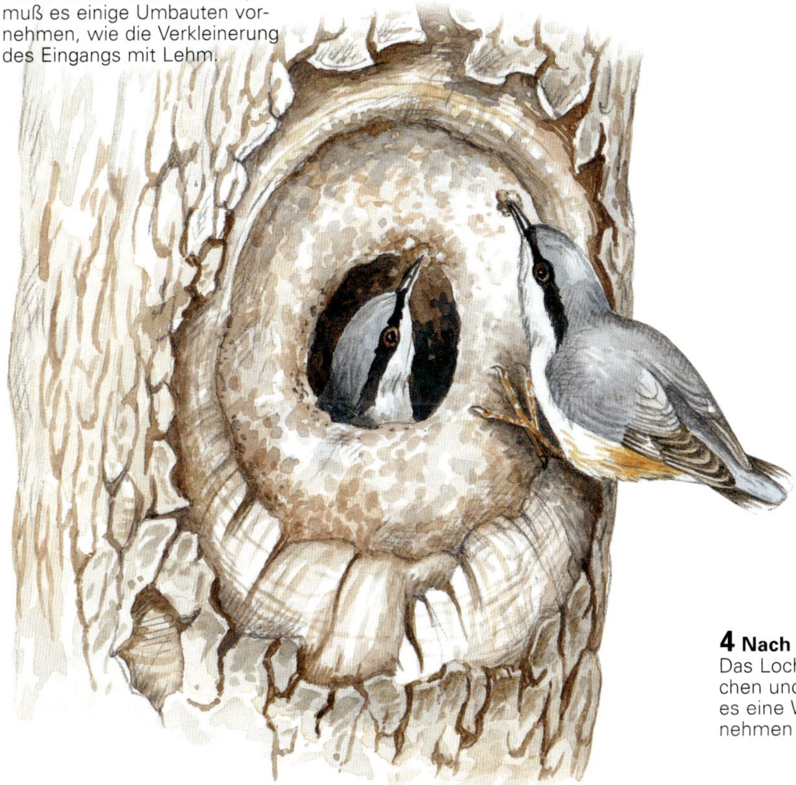

4 Nach etwa zwölf Jahren
Das Loch ist weiter aufgebrochen und nun so groß, daß es eine Waldkauz-Familie aufnehmen kann.

die größten einheimischen Hautflügler, brauchen Höhlen, die geräumig genug sind, um ihre bis zu 50 cm großen, aus zerkautem Holz gebauten Nester aufzunehmen. In einem Nest können bis zu 5000 Hornissen leben.

Für besonders an Insekten interessierte Naturliebhaber stellen alte, ausgehöhlte Bäume im Sommer eine wahre Fundgrube dar, denn in dieser Jahreszeit vermehren sich die Insekten. Aber auch im Winter wird man überrascht sein, wenn man eine solche Höhlung mit der Taschenlampe ausleuchtet: Im wärmenden Holz sitzen zahlreiche unterschiedliche überwinternde Insekten. Außer den Königinnen der Hummeln und Hornissen kann man hier auch verschiedene Schmetterlingsarten entdecken.

ALTERSSCHWÄCHE

Die Funktion einer Aushöhlung im Ökosystem Baum verändert sich mit der Zeit, und zwar je größer sie wird. Am Rande großer Höhlen wachsen Moose und Flechten. Von der Himmelsrichtung des Höhleneingangs (Öffnung zur Wetterseite) und von den Bewohnern hängt es ab, ob der Verfall der Höhle schneller oder langsamer fortschreitet. Früher oder später wird das vermodernde Innere von Pilzen befallen. Die Besiedelung mit Pilzen ist jedoch keineswegs ein negativer Faktor in der Ökologie des Waldes. Viele Lebewesen ernähren sich von zerfallendem Material. Und selbst Arten, die den gesunden Baum schädigen, haben auf diese Weise eine wichtige Rolle im Lebenszyklus des Waldes.

DIE NATUR BEOBACHTEN

WO FINDET MAN HOHLE BÄUME?

- Fast jeder Baum zeigt, wenn er eine gewisse Höhe und einen entsprechenden Durchmesser erreicht hat, einige Hohlstellen. Die meisten und die unterschiedlichsten Vertiefungen findet man allerdings in Bäumen, die schon älter als 50 Jahre sind.
- Eichen und Buchen bilden besonders „pittoreske" Höhlen aus.
- Bei der Waldbewirtschaftung werden periodisch die unteren Äste der Bäume gekappt, damit die Wildtiere sie nicht erreichen können. Das hinterläßt Wunden und kann zur Bildung von Hohlstellen führen.

Turmfalken nisten gern in Höhlen von Bäumen, die nahe einer vielbefahrenen Straße oder in einer Allee stehen. Die Jungen verlassen das schützende Nest erst, wenn ihr Federkleid komplett ausgebildet ist.

Im Dickicht des Brombeerstrauchs

Brombeerblüten mit ihrem süßen Nektar sind ein Eldorado für Bienen, Schwebfliegen und andere Insekten. Der Brombeerstrauch braucht diese Bestäuber, damit er fruchten kann.

Schon im Spätsommer reifen die wohlschmeckenden Früchte des Brombeerstrauchs. Naschen Sie am Wegrand nicht zu ausgiebig, denn viele kleine Wildtiere möchten Ihre Mahlzeit teilen!

Überall auf dem Land stößt man auf Wege, die von Brombeergebüsch gesäumt sind. Der kräftige, wuchernde, stachelbewehrte Strauch siedelt außer an Wegrändern auch in Gärten, auf Brachstellen, auf Schneisen und Lichtungen im Wald, an Steilküsten und sogar in verwilderten Bereichen der Städte. Gärtner mögen ihn nicht so sehr, denn mit seinen stacheligen, starken Zweigen besetzt der Brombeerstrauch konsequent jeden offenen Platz. Doch der ausgewachsene Brombeerstrauch ist weitaus besser als sein Ruf, denn er ist einer der wertvollsten Kleinstlebensräume auf dem Lande.

Stacheliger Mikrokosmos

Für Wirbellose, kleine Säugetiere und für viele Kleinvögel ist ein Dornbusch der perfekte Lebensraum. Er bietet nicht nur Nahrung, sondern auch Schutz vor Feinden, ganz besonders im Sommer, wenn die Blätter kräftig austreiben und die Blüten erscheinen. Der Mensch nutzt vor allem die Vitamin-C-reichen Früchte des Brombeerstrauchs und seine gerbstoffhaltigen Blätter, aus denen ein Erkältungstee bereitet wird. Ein ausgewachsenes Brombeergestrüpp stellt für Menschen und für große Tiere eine undurchdringliche Sperre dar. Davon profitieren

Wilde Brombeersträucher findet man auf dem Land überall. Zusammen mit anderem Buschwerk bilden sie Hecken und Wegbegrenzungen. Die widerstandsfähigen, stacheligen Triebe verhaken sich in anderen Pflanzen. Freie Flächen überwuchern sie mit großer Geschwindigkeit.

HASELMAUS-PARADIES

Im Haselstrauch wohnt sie am liebsten, doch auch im Brombeerdickicht auf Waldlichtungen richtet sich die flinke Haselmaus gern häuslich ein. Die weißen Blüten liefern mit Pollen und Nektar Nahrung, später frißt das Tierchen die reifen Früchte. Wenn das Jahr zur Neige geht und das Nahrungsangebot geringer wird, nimmt die Haselmaus sogar die trockenen Samen. Sie hält sich selten am Boden auf, der Weg über das Gezweig des Buschwerks oder die Ranken der Brombeeren ist für sie der sicherste. Als Versteck und zur Jungenaufzucht baut sie ein kunstvolles Nest aus Reisern, Rindenbast und Blättern in Bodennähe oder im Dornendickicht in 1–2 m Höhe. Die Jungen werden gegen Ende des Sommers geboren, wenn der Brombeerstrauch reife Früchte trägt. So haben sie ausreichend zu fressen, wenn sie ihr Nest verlassen. Neben Beeren verzehrt die Haselmaus vor allem Nüsse, Bucheckern, Eicheln und Getreide.

Die Haselmaus zählt im Sommer auf die Früchte der Saison. Die reifen, süßen Brombeeren sind für sie vor dem Herbst eine wichtige Energiequelle.

KENNKARTE

Die große Gruppe der Brombeeren gehört zur Familie der Rosengewächse und umfaßt etwa 700 sehr ähnliche Arten, die schwer gegeneinander abzugrenzen sind. Immer wieder treten spontan neue Formen auf.

● NAME
Deutscher Name: Brombeere
Botanischer Name: *Rubus fruticosus*

● MERKMALE
Häufig an Hecken und an Wegrändern zu finden. Die Ranken wachsen sehr schnell und überwuchern benachbarte Pflanzen. Ohne solche Stützen ist die Wuchsrichtung eher horizontal: Die Ranken kriechen in Bodennähe.

● BLÄTTER
Ein Blatt besteht aus 3–5 stark gezähnten, ovalen Blättchen mit deutlicher Spitze.

● BLÜTEN
Doldenförmig angeordnet. Jede Blüte hat 5 weiße, rosa oder zartlilafarbene Blütenblätter und enthält reichlich Nektar.

● FRÜCHTE
In unreifem Zustand grün, dann rot, reife Früchte schwarz

● ZWEIGE
Lang, gebogen und an der Basis holzig; sie sind grün bis rotbraun gefärbt mit kräftigen Stacheln.

● NUTZUNG
Die Früchte sind essbar. Die Blätter werden in der traditionellen Medizin als Tee eingesetzt und auch zum Färben gebraucht.

● VERBREITUNG
Ganz Europa. Die verschiedenen Arten besetzen unterschiedliche ökologische Nischen.

● BESTAND
Häufig und weit verbreitet

Von August bis Oktober reifen die Brombeeren – eine nach der anderen. Die Ernte zieht sich so über mehrere Wochen, manchmal sogar über mehrere Monate hin.

Die zarten Blüten der wilden Brombeere weisen sie als Mitglied der Familie der Rosengewächse aus. Sie ähneln sehr den Blüten der wilden Hecken- oder Hundsrose.

Während der Reifezeit färben sich die Früchte innerhalb von 2–3 Monaten von Grün über Rot nach Schwarz.

Mit seinen stachelbewehrten Ranken hält sich der Brombeerstrauch an anderen Pflanzen fest.

In der Naturheilkunde setzt man Brombeerblättertee bei Erkältungskrankheiten ein.

viele kleine Tiere, wie die Haselmaus, die im Schutz der stacheligen Äste einen idealen Unterschlupf finden.

WEHRHAFTE STACHELN

Wilde Brombeersträucher sind so weit verbreitet, daß sie eigentlich jeder kennt. Wer ist schließlich nicht schon einmal daran hängengeblieben! Es gibt etwa 700 Arten, die nur geringfügig voneinander abweichen. Die wichtigsten Merkmale sind ihnen allen gemeinsam: Als Angehörige der Familie Rosengewächse besteht ihre Blüte aus fünf Blütenblättern, deren Farbe von reinem Weiß über kräftiges Rosa bis hin zu einem blassen Lila variiert. Die Blüten produzieren viel Nektar und ziehen damit bestäubende Insekten an. Nach der Bestäubung entwickeln sich aus den Blüten die kleinen saftigen, traubenförmigen Steinfrüchte, die erst grün und hart sind, mit zunehmender Reife aber süß und fast schwarz werden.

Brombeeren haben drei- bis fünfteilige Blätter mit gezähntem Rand und einer deutlichen Spitze. Die Mittelader ist auf der Blattunterseite mit Dornen besetzt. Die Blattstiele tragen ebenso wie die Äste Stacheln. Beim ausgewachsenen Strauch sind sie am Ansatz holzig, an jungen Trieben noch grün.

Lange, biegsame Triebe zweigen vom Hauptast ab, suchen sich ihren Weg in die umgebende Vegetation und überranken die niedrigen Äste der Büsche in ihrer Nachbarschaft. Oder sie verhaken sich mit bereits vorhandenem Gestrüpp. Triebe mit Bodenkontakt schlagen Wurzeln, die der Pflanze Halt geben und gleichzeitig Ableger bilden. Auf diese Weise erobert die Brombeere relativ schnell neue Gebiete und kann sich, wenn sie ungestört bleibt, weit verbreiten.

Im Schatten großer Bäume kommen die Ranken nicht zum Blühen. Die Brombeere bevorzugt daher Lichtungen oder Wegränder. Hier leistet sie einen wichtigen Beitrag zur Aufforstung. Unter ihren stacheligen Ranken wachsen junge Bäume heran, bestens geschützt gegen Verbiß durch Wild- und Weidetiere. Wenn sie die stacheligen Büsche überragen, sind sie als Nahrung schon nicht mehr so interessant. Sie schießen nun in die Höhe und bedecken schließlich mit ihrem Schatten die Ranken, in deren Schutz sie aufwachsen konnten.

▲ Beim ersten Frost stirbt die Heuschrecke. Doch zu Beginn des nächsten Sommers schlüpfen die Jungen aus den von den Weibchen abgelegten Eiern.

Die süßen, saftigen Früchte der wilden Brombeere werden vom Menschen, von vielen Säugetieren und von den Wildvögeln geschätzt. Was nicht gleich gefressen wird, bleibt am Strauch hängen und vertrocknet. Gegen Ende des Sommers werden

Schmetterlinge davon angelockt. Auch Zugvögel auf dem Weg in den warmen Süden tun sich gerne an den übriggebliebenen Beeren gütlich.

WINTERFUTTER

Wenn die Früchte verspeist und die Insekten verschwunden sind, stellt der Brombeerstrauch langsam sein Wachstum ein, und für die Pflanze beginnt die wohlverdiente Winterruhe.

Auch jetzt ist der Strauch noch ein wichtiger Lebensraum, denn die Blätter bleiben den ganzen Winter über an den Zweigen hängen und sind oft das einzige Grün, das Rehen, Kaninchen und vielen anderen Tieren in dieser Zeit zur Verfügung steht. Selbst der härteste Frost oder Stürme können den Blättern nichts anhaben. Um diese Zeit kann man an den Brombeerblättern die gewundenen Fraßgänge der Larven von Zwergmotten entdecken, die sich vom Blattgewebe ernähren. Ebenfalls im Winter sieht man die seltsam geformten, zweihörnigen Ausscheidungen einer Gallwespenart auf den Blattstengeln.

Manchmal findet man auch eine offene Puppenhülle, die darauf hinweist, daß hier eine Insektenlarve ihre Metamorphose beendet hat und als erwachsenes Tier, vielleicht als schöner Schmetterling, davongeflogen ist.

Die Vogelnester sind leicht zu finden. Bei den kleinen, napfförmigen Gebilden aus Halmen, tief im Gestrüpp verborgen, handelt es sich um die Nester der wunderschön singenden Mönchsgrasmücke. Viel stabiler sind die fein mit Lehm ausgekleideten Nester der Singdrossel.

Den Kaninchen bietet der belaubte Brombeerstrauch jetzt besonderen Schutz, denn überall sonst sind die Blätter abgefallen und lassen die Eingänge zu ihren Bauen sichtbar werden.

Wenn eine dicke Schneeschicht das dichte Rankengewirr bedeckt, entsteht darunter ein schneefreier Raum, in dem kleine Tiere, wie Wald- und Feldmäuse, manchmal sogar das Hermelin, in aller Ruhe nach Futter suchen können. Auch kleine Vögel, wie die Heckenbraunelle, das Rotkehlchen und der Zaunkönig, finden unter dem Brombeerstrauch das einzige Plätzchen im Wald, wo sie vor rauhem Wetter einigermaßen geschützt sind.

Die Heckenbraunelle bekommt man im Sommer kaum zu Gesicht, denn sie hält sich zur Nahrungssuche unter den Ranken auf. Erst im Frühjahr läßt sie sich wieder sehen. Wird das Wetter wärmer, so zieht der kleine Vogel die Aufmerksamkeit auf sich und den Brombeerstrauch, wenn er von einer erhöhten Singwarte aus sein helles, zwitscherndes Lied erklingen läßt. Bald nisten dann die Weibchen in den dunklen und geschützten Stellen des Strauches.

Auch das kleine, unauffällige, geschäftige Rotkehlchen findet im Brombeerstrauch Nahrung und Wohnung. Sein schwermütiger, melodiöser Gesang erklingt aus dem Gestrüpp und zeigt an, daß hier das Revier besetzt ist. Wer das nicht versteht, wird von dem kämpferischen Vögelchen mutig angegriffen. Ein alter, weggeworfener Wasserkessel oder ein verlorener Schuh können mitten im Brombeerstrauch zum sicheren Nistplatz werden.

Ein Schwanzmeisenpaar sucht viele Nistplätze auf, bevor es sich endgültig entscheidet, wo das kunstvol-

▶ Die Waldmaus ist besonders an den kleinen, harten Samen der Brombeere interessiert, die sie aus dem Fruchtfleisch löst. Die Samen enthalten viele Nährstoffe in Form von Proteinen.

▼ Das scheue Reh liebt weite, mit Feldgehölzen und kleineren Wäldern durchsetzte Gebiete. Meist bleibt es tagsüber im Dickicht und erscheint nur abends und frühmorgens zum Äsen im freien Gelände.

VERWANDTE ARTEN

Die Kratzbeere ähnelt sehr stark der wilden Brombeere. Ihre Ranken sind jedoch weniger robust und haben nicht so viele Stacheln, auch ist sie im Verhältnis deutlich kleiner. Ihre Blüten sind weiß, ihre Früchte klein und fest, und die großen Blätter wirken wachsartig.
Die Moltebeere kommt in nördlichen Regionen vor und ist ebenfalls kleiner als die wilde Brombeere. Ihre Blätter sind rund und gelappt, die weißen Blüten stehen einzeln; ihre Früchte färben sich gelborange bis rotorange. Auch die Steinbeere ist klein, ihre Ranken haben jedoch keine Stacheln, die Blüten sind rein weiß und schmalblättrig. Ihre Blätter sind dreizählig. Die Pflanze wächst vorzugsweise auf schattigem und felsigem Gelände.

▲ Die Steinbeere mit ihren eher kleinen Früchten kommt in lichten Nadelmischwäldern auf felsigem Gelände vor.

▶ Die weitverbreitete Kratzbeere hat blau bereifte Stengel und Früchte und wächst in Auwäldern, an Waldrändern, an Ufern und auf Sanddünen.

▲ **Die Schwanzmeise baut ihr kugeliges Nest aus Flechten und Spinnweben und polstert es mit Federn aus. Im dichten Brombeergestrüpp ist sie vor Feinden sicher.**

le Kugelnest aus Flechten und Spinnweben gebaut wird. Haben die Vögel einmal einen Platz gefunden, der ihnen behagt, suchen sie die Umgebung nach passendem Baumaterial ab. Sie polstern die Nestkugel mit weichen Federn und Haaren von Säugetieren. Die natürlichen, aus der nächsten Umgebung des Nestes stammenden Materialien tarnen das kleine Bauwerk, das zwischen den Blättern fast unsichtbar ist.

Auch den Blattläusen, die sich von Pflanzensäften ernähren, bieten die Ranken Schutz. Diese kleinen Insekten treten immer in dichten Kolonien auf und ziehen Insektenfresser an, wie beispielsweise Marienkäfer und ihre Larven.

Mit ihrem bräunlich gefleckten Federkleid ist die Heckenbraunelle im Gebüsch perfekt getarnt.

Die meist schwarz und gelb gezeichneten und daher Bienen oder Wespen ähnlichen Schwebfliegen legen ihre Eier auch auf Brombeerblättern ab. Die Larven ernähren sich dann von den Blattläusen. Die Blüten der Brombeere enthalten viel Nektar und sind nicht nur bei den Bienen beliebt. Ein Brombeerstrauch ist ein regelrechter Insekten-Treffpunkt.

Viele Schmetterlinge besuchen Brombeersträucher am Waldrand, so zum Beispiel der Ulmenzipfelfalter. Die Blätter der Brombeere bieten den Raupen Nahrung und besonders den Nachtfaltern Schutz. Ihre Raupen kriechen unter die Blätter oder die Ranken und verstecken sich dort tagsüber vor den Vögeln, denen sie eine willkommene Beute sind. Erst nachts kommen sie zum Fressen aus ihren Verstecken. Zwischen Juli und Oktober kann man sie beobachten, wenn man sie mit einer Taschenlampe anleuchtet. Später in ihrer Entwicklung lassen sie sich auf den Boden fallen, und dann beginnt ihre Metamorphose. Aus der Puppe schlüpft im nächsten Jahr der Falter.

Im Laufe des Sommers tauchen die Heuschrecken auf, und tagsüber setzt sich die Strauchschrecke auf die

◀ **Der Kleine Eisvogel legt seine Eier auf die Blätter des Geißblatts, das oft in der Nähe der Brombeere wächst.**

Auf sonnenbeschienenen Brombeerblättern trifft man die Skorpionsfliege. Sie ernährt sich von toten und verletzten Insekten.

Blätter in die Sonne. Nachts hört man dann überall das Gezirpe der Männchen. Das durchdringende Geräusch entsteht, wenn sie ihre häutigen Flügel aneinander reiben. Die Weibchen sind eher schweigsam. Man erkennt sie an der langen Legeröhre, mit der sie die Eier am Grund des Brombeerstrauchs deponieren, wo sie überwintern.

Die vielen Insekten ziehen die Vögel an, die sie fressen. Dazu gehört auch der Stieglitz oder Distelfink, wie er wegen seiner Vorliebe für Distelsamen genannt wird. Für ihn ist der Brombeerstrauch Nahrungsquelle und Wohnraum zugleich, also optimaler Lebensraum.

Je mehr Wald- und Wiesenflächen kultiviert und insektenfeindlich behandelt werden, desto wichtiger sind Sträucher wie die wilde Brombeere zum Erhalt des Gleichgewichts in der Natur.

DIE NATUR BEOBACHTEN

LEBEN UND TREIBEN IM BROMBEERSTRAUCH?

Dieser kleine Lebensraum ist eine Welt für sich.

- Im Frühjahr sehen Sie im Gewirr der Ranken die Balz mancher Singvögel. Mit lautem Gesang und typischen Bewegungen machen die Männchen auf sich aufmerksam.
- Achten Sie im Sommer auf die Insekten, die die vielen Blüten bestäuben.
- In der Erntezeit gibt es hier viele Besucher – Tiere und Menschen!
- Im Winter ernähren sich Kaninchen und Rehe von den Blättern des Brombeerstrauchs. Mäuse und Vögel finden hier bei schlechter Witterung Unterschlupf.

Schwarzspecht
mit Jungen

Eichhörnchen
mit Nuß

AM BODEN UND IN DEN BÄUMEN

*Hier verstecken sich oft sehr scheue Tiere.
Sie bewegen sich außerordentlich geschickt
und sind blitzschnell, wenn sie flüchten müssen ...
Manchmal kommen sie auch nur nachts heraus.*

Flinkes Eichhörnchen

Das beliebte, possierliche Eichhörnchen ist in fast allen Ländern Europas heimisch. Man findet es in Wäldern und Parkanlagen sowohl auf dem Land als auch in städtischen Bereichen.

Mit seinem hübschen roten Fell, seinen schwarzen Augen und dem buschigen Schwanz ist das Eichhörnchen eines der bekanntesten heimischen Nagetiere. Nahezu völlig an das Leben in Baumkronen angepaßt, faszinieren uns Menschen seit jeher die graziösen, gewandten Bewegungen der munteren Tierchen. Flink huschen sie die Baumstämme hinauf und kopfüber wieder hinunter, geschwind springen sie von Baum zu Baum, wobei sie Entfernungen von bis zu 5 m problemlos überwinden. Man hat sogar schon einmal beobachtet, wie ein Eichhörnchen aus 20 m Höhe auf den Boden sprang, einige Sekunden lang wie betäubt liegenblieb und dann den nächsten Baumstamm munter wieder hinaufkletterte. Bei solchen akrobatischen Luftreisen dient der buschige Schwanz dem Eichhörnchen als Fallschirm, Balance und Steuer zugleich. Hilfreich ist ferner eine im Ansatz vorhandene Flughaut zwischen den Gliedmaßen und dem Körper, die den Luftwiderstand erhöht. Am Boden bewegen sich Eichhörnchen hingegen hüpfend fort, wobei sie zwischendurch immer wieder innehalten, um sich nach allen Seiten umzuschauen.

Waren die Luftakrobaten noch vor wenigen Jahrzehnten scheue Waldbewohner, die man nur mit viel Glück und Geduld zu Gesicht bekam, so begegnet man ihnen inzwischen bereits recht häufig in den Vorstadtgärten, ja selbst in Parks und Grünanlagen inmitten der Großstädte gehören sie schon vielerorts zum gewohnten Bild. Mittlerweile kann man sie wohl als Kulturfolger, mit gewissem Recht sogar schon als „echte Großstadtkinder“ bezeichnen. Doch so lieb, possierlich und zutraulich uns die munteren Gesellen auch erscheinen mögen – untereinander verhalten sie sich nach wie vor als ziemlich unverträgliche Einzelgänger, die ihren Artgenossen tunlichst aus dem Wege gehen. Ein einzelnes Eichhörnchen durchstreift in etwa ein Gebiet von rund 10–50 Hektar,

Eichhörnchen können sich hervorragend mit den Krallen festhalten und kopfüber am Baum herunterlaufen. Beim Klettern im Geäst benützen sie ihren großen, buschigen Schwanz als Balancierstange. Mühelos bewegen sie sich so in den Bäumen.

KENNKARTE

Das Eichhörnchen, ein Nagetier, gehört zur Familie der Hörnchen, die mit rund 250 Arten und Unterarten eine sehr formenreiche Gruppe bilden. In Mitteleuropa lebt als einzige Art das Eichhörnchen (Sciurus vulgaris). *Das englische Eichhörnchen wird von manchen Wissenschaftlern als Unterart angesehen, denn sein buschiger Schwanz nimmt im Sommer eine helle Cremefarbe an. Es gibt in England aber auch das mitteleuropäische Eichhörnchen.*

● NAME
Deutscher Name: Eichhörnchen, Eichkätzchen
Wissenschaftlicher Name: *Sciurus vulgaris*

● GRÖSSE UND GEWICHT
Körperlänge: 20–25 cm
Schwanz: 15–25 cm
Gewicht: 250–480 g (Männchen meist größer als Weibchen)

● MERKMALE
Oben fuchsrotes bis schwarzbraunes Fell, unten weiß; Körperoberseite und Schwanz sind einheitlich gefärbt, pinselartige Haarbüschel an den Ohrspitzen

● NEST
Kugelförmiges Nest (Kobel) aus Reisig und Moos dicht am Baumstamm mit Eingang und Fluchtröhre

● NAHRUNG
Knospen, Blüten und Samen von Nadelbäumen, Nüsse, Bucheckern, Kastanien, Beeren, gelegentlich Insekten, Vogeleier und Jungvögel. Auch Baumpilze werden nicht verschmäht.

● STIMME
Helles, aggressiv wirkendes Keckern

● FORTPFLANZUNG
Die Paarungszeit dauert von Dezember bis Januar, die ca. 5, gelegentlich bis zu 8 Jungen werden im Februar/März geboren. Manchmal gibt es zwischen Mai und August einen zweiten Wurf.

● JUNGE
Die Jungen werden mit 8–10 Wochen abgesetzt, geschlechtsreif sind sie mit 9 Monaten.

Früh im Jahr werden meist 3–4 Junge geboren. Manchmal gibt es im Sommer einen zweiten Wurf.

● VERHALTEN
In den Bäumen bewegen sich Eichhörnchen springend von Ast zu Ast fort. Im Sommer sind sie hauptsächlich frühmorgens aktiv und werden gegen Nachmittag ruhiger. Im Winter dagegen sind sie den ganzen Tag über aktiv. Eichhörnchen halten keinen Winterschlaf, bei schlechtem Wetter verlassen sie ihr Nest aber manchmal mehrere Tage lang nicht.

● LEBENSRAUM
Das Leben der Eichhörnchen spielt sich in den Baumkronen ab. Die Tiere kommen sowohl in Nadelwäldern als auch in Laubwäldern vor.

● SPUREN
Wo Eichhörnchen leben, findet man überall abgeknabberte Fichtenzapfen und aufgeknackte Nüsse, deren Schalen sie wiederum in kleinere Teile zerbrochen haben.

Eichhörnchen bauen ihre runden, überdachten Kobel hoch in den Bäumen in Astgabeln oder alten Krähennestern, selten in Baumhöhlen.

● VERBREITUNG
Kommt bis auf Island und die Mittelmeerinseln in ganz Europa vor.

● BESTAND
Zur Zeit ist das Eichhörnchen nicht gefährdet, obwohl ein leichter Rückgang seines Bestands zu verzeichnen ist.

GESCHICHTLICHER HINTERGRUND

Das muntere, possierliche Eichhörnchen ist den Menschen schon lange ans Herz gewachsen. Die Damen Roms hielten sich den schnell zutraulichen Nager als Spieltier, bei den Germanen hat das Eichhörnchen in der Mythologie an der Weltenesche seinen Auftritt, und wegen seines fuchsroten Fells war es dem Gott Donar heilig. Sein lateinischer Name *sciurus* geht zurück auf das griechische Wort für Eichhörnchen *„skia ouros"* – „der seinen Kopf mit dem Schwanz beschattet".

Im Winter sind die Ohren des Eichhörnchens mit dicken Haarbüscheln besetzt.

Der Schwanz des Eichhörnchens dient beim Springen als Steuerruder, beim Klettern als Balancierstange. Er hat dieselbe Farbe wie das Körperhaar.

Aufgrund seines Lebens in Baumwipfeln ist das Eichhörnchen relativ klein und leicht. Nur so kann es seine spektakulären Sprünge wagen.

DER KRIEG DER HÖRNCHEN

Auf dem europäischen Festland sind die Bestände des Eichhörnchens *(Sciurus vulgaris)* bislang nicht in Gefahr, dagegen hat die Art große Probleme in Großbritannien: Vor etwa 100 Jahren wurden hier nämlich einige Exemplare des nordamerikanischen Grauhörnchens *(Sciurus carolinensis)* ausgesetzt. Sie fanden so gute Lebensbedingungen vor, daß sie ihre europäischen Verwandten inzwischen größtenteils verdrängt haben. Ähnliche Gefahren könnten für die heimischen Eichhörnchen auf dem Festland vom asiatischen Schönhörnchen ausgehen, das sich von Italien her ausbreitet, sowie vom hübschen Streifenhörnchen *(Tamias sibiricus)*. Einst nur eine Attraktion auf dem Freiburger Friedhof, ist dieses inzwischen fast in ganz Europa heimisch.

In Großbritannien ist das aus Amerika eingeführte Grauhörnchen zum ernsten Rivalen für das Eichhörnchen geworden.

Im Winter hat das Fell des roten Eichhörnchens einen silbernen Schimmer, der Grundton ist jedoch rotbraun.

Das Eichhörnchen in Deutschland

Verbreitung

Das ganze Jahr anwesend

Mit langen Sprüngen bewegt sich das äußerst geschickte und robuste Eichhörnchen in den Bäumen. Es scheint keinerlei Angst vor Stürzen zu haben und macht riskante Sprungmanöver.

WUSSTEN SIE DAS SCHON?

Das Eichhörnchen baut oft in 5–15 m Höhe in einer Astgabel sein kugelförmiges Nest aus Reisig und Moos. In dem weich ausgepolsterten Kobel mit einem Außendurchmesser von bis zu 40 cm zieht es seine Jungen groß. Weniger Aufwand betreibt es beim Bau des Winterkobels, wo es die Wintertage sowie Schlechtwetterzeiten im Sommer verbringt. Dazu leistet es sich noch einen sogenannten Spielkobel, der auch als Vorratslager dient.

wobei es allerdings kein sehr ausgeprägtes Revierverhalten an den Tag legt.

Als ausgemachte Baumbewohner verbringen die Nager nahezu ihr ganzes Leben in luftiger Höhe. Bereits bei Sonnenaufgang kommen die tagaktiven Tierchen aus ihren Kobeln hervor und werden munter, am aktivsten aber sind sie in den frühen Morgenstunden und noch einmal am späten Nachmittag. Bei schönem Wetter turnen sie jedoch auch über die Mittagszeit intensiv in den Bäumen herum.

WINTERVORRÄTE

Einen Großteil ihrer Zeit verbringen die Eichhörnchen mit der Nahrungssuche. Verstädterte Hörnchen lassen sich nur allzu gerne auch von Menschen füttern. Auf ihrem recht breit gefächerten Speiseplan stehen je nach Jahreszeit Knospen, Blüten, Früchte und Samen von Nadelbäumen, Hasel- und Walnüsse, Bucheckern, Eicheln, aber auch Pilze und vieles andere mehr. Zum Öffnen von hartschaligen Früchten haben sie eine Technik entwickelt, die teils angeboren, teils jedoch erlernt ist. Darüber hinaus ernähren sie sich von tierischer Kost. So verzehren sie etwa Insekten, Eier, junge Vögel und gelegentlich auch Aas, von dem sie vor allem Knorpel und Knochen verspeisen. Für winterliche Notzeiten legen sie sich im Herbst oft beträchtliche Vorratslager aus haltbaren Früchten an. Danach nimmt die Aktivität sehr rasch ab, und sie verlassen ihre Kobel viel seltener als im Sommer. Im Winter erscheinen sie meist nur in der warmen Mittagszeit auf der Bildfläche, um ihren Hunger zu stillen. Im Gegensatz zu vielen anderen heimischen Tieren halten sie also keinen echten Winterschlaf.

In trockenen Zeiten haben auch Eichhörnchen Durst. Dann müssen sie auf den Boden kommen, was für sie besonders gefährlich ist, denn hier sind sie verwundbar. Oft werden sie beim Trinken die Beute von Mardern oder Füchsen, die sich besonders leicht die noch unerfahrenen Jungen holen.

Von ihren Vorräten finden die Tiere später aber immer nur einen Teil wieder. Daher wohl auch die Redensart: Mühsam

Kluge Vorratshaltung

Wenn es eine Nuß gefunden hat, stellt das Eichhörnchen fest, ob sie eßbar ist. Nicht immer frißt es sie sofort. In Zeiten des Überflusses versteckt es sie als Vorrat für schlechtere Tage.

Zuerst wird die Nuß genau berochen. Dann nimmt das Eichhörnchen sie ins Maul. Spezielle Duftdrüsen auf den Lippen und in den Backentaschen produzieren einen Stoff, mit dem die Nuß markiert wird.

Bevor es die Nuß vergräbt, nimmt das Eichhörnchen sie in die Pfoten, dreht sie und beschnüffelt sie nochmals. Ihr Duft hilft ihm, sie später im Boden selbst unter einer dicken Schneedecke wiederzufinden.

Das Eichhörnchen verbringt den größten Teil des Winters in seinem warmen Kobel. Bei gutem Wetter, wenn die Sonne etwas Wärme verbreitet, kommt es hervor, springt von Ast zu Ast und inspiziert die Umgebung. In den kahlen Bäumen kann man es jetzt gut beobachten.

Die vier Finger des Eichhörnchens und seine fünf kräftigen Zehen tragen spitze, gekrümmte Krallen, mit denen es sich an der Rinde festklammert.

ernährt sich das Eichhörnchen. Mit „Vergeßlichkeit" hat das allerdings weniger zu tun, denn beim Wiederfinden spielt offenbar ihr Geruchssinn eine wichtige Rolle. Wie dem auch sei: Was ihren Spürnasen entgeht, kann dann im folgenden Frühjahr auskeimen. Damit leisten Eichhörnchen einen nicht unerheblichen Beitrag zur natürlichen Wiederaufforstung der Wälder. Andererseits richten sie durch das Verspeisen von Knospen, Samen und Keimlingen, durch das Abbeißen von jungen Trieben oder die Beschädigung von Baumrinde auch forstwirtschaftliche Schäden an. Nicht zuletzt nehmen Eichhörnchen – viele Tierfreunde wollen es nicht wahrhaben – die Nester vieler heimischer Singvögel aus und fressen deren Gelege oder Junge.

Einen Hauch von Geselligkeit leisten sich die eigenbrötlerischen Eichhörnchen lediglich zur Paarungszeit. Nur während dieses begrenzten Zeitraums dulden die Weibchen die Männchen in ihrer Nähe. Beim Paarungsspiel nähert sich das Männchen dem Weibchen bis auf etwa 30 cm und präsentiert sich seitlich mit waagerecht weggestrecktem Schwanz. Anschließend umkreist es seine Angebetete ungefähr 30–60 Sekunden lang mit gekrümmtem Rücken und so schnell, daß die Bewegung wie ein geschlossener roter Kreis wirkt. Das paarungsbereite Weibchen stößt dabei ähnliche Laute aus wie die bettelnden Jungen. In der Paarungszeit bewohnen beide Partner auch für kurze Zeit gemeinsam einen Kobel.

Die Fortpflanzungszeit der europäischen Eichhörnchen hängt von der geographischen Breite ab. In Nordeuropa gibt es nur eine Fortpflanzungsperiode im Frühling, während in südlicheren Regionen zwei solche Perioden stattfinden, und zwar von Januar bis April und noch einmal von Mai/Juni bis August/September. Die Zeiten können hier regional durchaus etwas voneinander abweichen.

Während der etwa 38tägigen Tragzeit ist die werdende Mutter sehr aggressiv, vor allem gegenüber dem Männchen. Kurz vor der Geburt der Jungen vertreibt sie das Männchen endgültig aus ihrer Nähe. Die Jungen kommen nackt, blind und taub zur Welt und wiegen nur etwa 8–12 g. Ein Wurf umfaßt durchschnittlich fünf Junge, manchmal sind es auch bis zu acht Junge. Nach etwa zehn Tagen sprießt der erste Flaum, nach etwa 20 Tagen ist der Nachwuchs dicht behaart. Nach 32 Tagen öffnen die Jungen die Augen, im Alter von etwa 40 Tagen stellt die Mutter das Säugen ein, und die Kleinen verlassen den Kobel, um ihre ersten Ausflüge zu unternehmen.

Nur etwa 20–25 % der Jungen werden in der Natur älter als ein Jahr. Doch

Kleiner Athlet

Wenn es einen Ort sucht, wo es seine Nuß verstecken kann, senkt das Eichhörnchen den Schwanz. Es bewegt sich in Galoppsprüngen vorwärts, immer unterbrochen von kurzen Halts, bei denen es sich auf die Hinterbeine setzt und die Umgebung beobachtet.

Das Eichhörnchen trifft man hauptsächlich in zwei Körperhaltungen an: Entweder sitzt es völlig still, oder es bewegt sich sehr schnell. Seine hervorragend entwickelten Hinterbeine, mit denen es sich stark abstoßen kann, und sein geringes Gewicht ermöglichen ihm große Geschwindigkeiten. Es sei denn, es hat zu viel gefressen ...

Eichhörnchen ernähren sich von Baumsamen, wie Eicheln, Bucheckern, Tannen-, Fichten-, Ahorn- und Hainbuchensamen sowie Nüssen, daneben von Jungtrieben und Pilzen. Beim Fressen halten die Tiere ihre Nahrung zwischen den Vorderpfoten.

Vorräte vergraben mit System

Um eine Nuß vor anderen Tieren zu schützen, vergräbt das Eichhörnchen sie im Boden. Dazu sucht es eine Stelle mit lockerer Erde und geht nun immer auf die gleiche, genetisch festgelegte Weise vor: Loch scharren mit den Vorderpfoten, Nuß ablegen, Loch mit Erde und Laub zuscharren, dann alles mit den Vorderpfoten festdrücken.

Wenn die Arbeit getan ist, entfernt sich das Eichhörnchen mit hoch erhobenem Schwanz und kraftvollen Sprüngen, um neue Nahrung zu suchen. Mit Nüssen, die es später nicht wiederfindet, trägt es dazu bei, daß neue Bäume wachsen können.

können die Tiere in freier Wildbahn unter guten Bedingungen mitunter 10–12 Jahre alt werden, was für Nagetiere ganz beachtlich ist. Die hohe Sterblichkeit bei jungen Eichhörnchen liegt zum Teil sicherlich daran, daß ihre natürlichen Feinde, zu denen vor allem Baummarder, Zobel, Uhu, Habichte und andere Greifvögel gehören, inzwischen in manchen Regionen wieder häufiger geworden sind.

Die Populationsdichte der Eichhörnchen scheint größeren natürlichen Schwankungen unterworfen zu sein, wobei man in einigen Gebieten in Zeiträumen von fünf oder sechs Jahren stärkere periodische Schwankungen beobachtet hat. Hierfür macht man unter anderem Krankheiten verantwortlich. Eichhörnchen scheinen außerdem in manchen Gegenden einen ausgeprägten Wandertrieb zu besitzen. In Rußland konnten Wanderbewegungen von über 300 km festgestellt werden, wobei die Tiere sogar größere Flüsse überqueren mußten. Darüber, wie sie das geschafft haben, läßt sich nur spekulieren.

Die Waldschnepfe

Gut getarnt durch Farbe und Zeichnung ihres Gefieders, verbringt die Waldschnepfe den Tag im schützenden Unterholz. Erst in der Dämmerung wird der scheue Vogel aktiv. Ein dumpfes Quorren verrät dann das Männchen auf Partnersuche.

Die Waldschnepfe ist hervorragend an ihre Umgebung angepaßt. Das weiche, sehr dichte und rindenartig gezeichnete Gefieder verschwimmt mit den Farben des Fallaubs, das den Waldboden bedeckt. Mit ihren kurzen, aber sehr kräftigen Beinen kann sich die Waldschnepfe fast senkrecht nach oben katapultieren, wenn sie einen Feind vermutet. Mit ihren kurzen, kompakten Flügeln fliegt sie problemlos in geringer Höhe auch zwischen eng stehenden Bäumen hindurch.

Bevorzugter Lebensraum der Waldschnepfe ist das Unterholz teils feuchter Laub- und Mischwälder mit weichem Boden in ebenem Gelände. Sie braucht Lichtungen und vor allem dichtes Unterholz aus Farnen oder Sträuchern. Am Nistplatz bevorzugt sie trockenen Boden, während sie ihre Nahrung auf feuchtem, morastigem Grund sucht. Im Winter ziehen die Schnepfen in wärmere Gebiete ab. Irland, Frankreich, Spanien, Portugal und Italien sind ihre bevorzugten Winterquartiere. Gelegentlich überwintern Waldschnepfen auch bei uns, erst harte Fröste vertreiben sie dann in Gegenden mit milderem Klima.

Waldschnepfen sind hauptsächlich in der Dämmerung aktiv und daher schwierig zu beobachten. Mit ihrem langen Schnabel durchwühlen sie dann Erde und Laubstreu nach Bodentieren. Sie verschmähen auch Insekten auf Exkrementen nicht.

GEHEIME TREFFEN

Waldschnepfen sind Einzelgänger, die sich lediglich während der Paarungszeit treffen. Das Paarungsverhalten der Waldschnepfe ist noch nicht völlig erforscht. Es scheint, daß sich die Paare im Februar finden und die Fortpflanzung sich bis in den Juli hineinzieht.

Im Frühjahr und im Sommer werben die Männchen um die Weibchen und beginnen dabei mit der Flugbalz. Kurz vor Sonnenaufgang und nach Sonnenuntergang streicht der Vogel auf der Suche nach den am Boden sitzenden Weibchen in trägem, geräuschlosem Flug über das Brutrevier. Solange die Sicht noch gut ist, fliegen die Männchen höher und schneller. Später, wenn es dunkler wird und sich die Chancen, eines der gut getarnten Weibchen zu erobern, verringern, werden sie langsamer.

LEBENSRAUM

Die Waldschnepfe liebt unterholzreiche Laub- und Mischwälder mit weichem, stellenweise morastigem Boden. Man findet sie in dichtem Gestrüpp und in Hecken an Wiesen und Viehweiden. Gelegentlich kann sie, bei entsprechend dichtem Bewuchs, auch in Heidegebieten auftauchen. Ansonsten sind Waldschnepfen ausgesprochene Waldvögel. Man findet sie überall in den Wäldern Europas von Skandinavien bis Spanien, aber auch in Asien bis nach Japan.

Das braunrote, rindenartig hell-dunkel gezeichnete Gefieder der Waldschnepfe ist im Falllaub auf dem Waldboden kaum zu erkennen. Man entdeckt den Vogel nur, wenn er sich im offenen Gelände bewegt.

KENNKARTE

Dieser große Waldvogel ist mit seinem gefleckten Gefieder hervorragend getarnt. Seine Augen weisen darauf hin, daß er dämmerungsaktiv ist und im dunklen Unterholz lebt. Die Augen der Waldschnepfe sitzen hoch am Kopf und weit seitlich, so daß sie nach allen Seiten sehen kann, ohne den Kopf drehen zu müssen.

● NAME
Deutscher Name: Waldschnepfe
Wissenschaftlicher Name: *Scolopax rusticola*

● GRÖSSE UND GEWICHT
Länge: 34 cm
Gewicht: 300 g

● MERKMALE
Rindenartiges Gefieder, oberseits braunrot, unterseits heller; drei dunkle Querstreifen auf dem Kopf; weiße Schwanzendbinde; langer, gerader Schnabel

● VERHALTEN
Scheu und einzelgängerisch, sitzt regungslos, um nicht entdeckt zu werden. Das Männchen führt einen Balzflug auf.

● NEST
Flache, mit weichen Federn ausgepolsterte Nestmulde auf dem Boden

● EIER
Gelege mit meist 4 dunkelbeigen bis braunrosa Eiern; das Weibchen brütet 3 Wochen.

● JUNGE
Sie ähneln den erwachsenen Vögeln. Das Weibchen betreut sie etwa 6 Wochen lang.

● FORTPFLANZUNG
Von Anfang März bis Anfang September

● NAHRUNG
Würmer, Schnecken, Insekten, Samen

● STIMME
Dunkle, quorrende sowie pfeifende, scharfe „Pssieb"-Laute während der Flugbalz des Männchens

● LEBENSRAUM
Unterwuchsreiche Wälder mit Lichtungen und Schneisen

● VERBREITUNG
In ganz Deutschland weit verbreitet, aber selten

Verbreitung

GESCHÜTZTE ART!

Die Waldschnepfe zählt zu den geschützten Arten, was ihr, ihrem Nest und ihren Eiern nicht nur während der Jagdsaison ein wenig Ruhe verschafft.

Waldschnepfen sind nicht an ein bestimmtes Revier gebunden. Daher vollführen oft mehrere Männchen ihre Balztänze in einem Gebiet. Treffen sich zwei Männchen bei dieser Gelegenheit, wird der Schwächere durch kurze, aber heftige Luftangriffe, das „Stechen", vertrieben. Der Balzflug soll das Weibchen anlocken und überzeugen. Dazu schlägt das Männchen langsam mit den Flügeln, der Schnabel zeigt schräg zum Boden, während der Kopf ständig von einer Seite zur anderen wippt. Dabei läßt das Männchen in Abständen tiefe „Quorr"-Laute und ein spitzes „Pssieb" hören. Der erste Ton ist fast unhörbar, der folgende Ruf aber sehr laut (Schnepfenstrich).

Hat das Männchen eines der unbeweglich am Boden sitzenden Weibchen überzeugt, so lockt dieses das Männchen durch einen besonderen Ruf auf den Boden. Oder es erhebt sich lautlos in die Luft, und beide Vögel fliegen eine kurze Strecke miteinander. Die darauf folgende Bodenbalz vollzieht sich im Dunkel des Unterholzes. Das Männchen läuft mit hängenden Flügeln, aufgeplustertem Gefieder, hoch aufgerichtetem Körper, gestrecktem Hals und angedrücktem

Die weiße Schwanzendbinde der Waldschnepfe soll beim Balztanz die Aufmerksamkeit des Weibchens erregen. Wenn das Männchen den Schwanz hebt, kommen die hellen Federbereiche gut zur Geltung.

Schnabel um das Weibchen herum, dabei fächert es seinen Schwanz.

Es kommt immer wieder einmal vor, daß der Vogel, den sich das Männchen als potentielle Partnerin erkoren hat, einer anderen Spezies angehört, der Irrtum wird aber schnell bemerkt. Die Männchen, die schließlich eine weibliche Schnepfe gefunden haben, sind ihrer Partnerin zehn Tage lang völlig ergeben. In dieser Zeit, in der das Weibchen paarungsbereit ist, bleibt das Paar unzertrennlich. Eifersüchtig wacht das Männchen darüber, daß sich seinem Weibchen kein Rivale nähert. Das Paar bleibt nahe beieinander, oft steht es sich mit ausgebreiteten Flügeln gegenüber. Die Partner stoßen dann ihre Schnäbel aneinander und springen erregt in die Luft – in rascher Folge können mehrere Kopulationen stattfinden.

Flüchtige Begegnung

Das Weibchen gräbt eine flache Mulde in den Waldboden, oft unter einem schützenden Baum oder einem Busch. Bevor es anschließend seine vier Eier dort ablegt, polstert es das Nest mit trockenem Laub und Federn aus. Wenn das Gelege komplett ist, interessiert sich das Männchen nicht mehr für das Weibchen, sondern widmet sich auf der Suche nach einer weiteren Partnerin wieder dem Balzflug. Das Weibchen sitzt rund drei Wochen lang auf seinen Eiern und verläßt das Nest immer nur, um Nahrung zu suchen. Auch die Aufzucht der Jungen übernimmt es ganz allein. Die helle Unterseite des Schwanzes ist für die jungen Waldschnepfen gut erkennbar, wenn sie hinter der Mutter hergehen. So können sie ihr in der Dunkelheit des Waldes leicht folgen. In den ersten Tagen füttert

Die Waldschnepfe im Jahreslauf

Dezember – Februar

Die Waldschnepfen sind in wärmere Gefilde abgezogen. Nur einige überwinternde Vögel, sogenannte „Lagerschnepfen" halten aus. Sie müssen nun an geschützten, frostfreien Plätzen und in eisfreien Feuchtgebieten Nahrung suchen.

März – Mai

Im März steigen die Temperaturen, und die Waldschnepfen, die in wärmeren Gebieten überwintert haben, kommen zurück; die Balzzeit beginnt. Mitte März bis Ende April brüten die Weibchen, im Mai sind dann die Jungen flügge.

Juni – August

Manche Weibchen ziehen im August noch eine zweite Brut oder eine Ersatzbrut groß. Nach einer Brutzeit von 22–23 Tagen sind die meisten Jungen Ende August flügge. Die Mutter führt sie dann rund 40 Tage bis zur Selbständigkeit.

September – November

Die Zugvögel unter den Waldschnepfen machen sich ab Mitte September auf den Weg in die Winterquartiere. Bis in den November hinein sieht man dort Neuankömmlinge, denn manche Vögel haben „daheim" noch länger Nahrung gefunden.

Nahrungssuche

Die Waldschnepfe sucht ihre Nahrung in weichem, feuchtem Boden. Dazu sticht sie ihren langen, speziell ausgerüsteten Schnabel wie einen Bohrer in die Erde und tastet dort nach Schnecken, Würmern und Tausendfüßern.

Beute wie dieser Regenwurm wird mit dem Schnabel gefangen und sofort verspeist.

Der Oberschnabel ist flexibel, und seine sensible Spitze kann aufgebogen werden. Wie mit einer Pinzette packt die Waldschnepfe ihre Beute in der Erde, ohne den Schnabel ganz öffnen zu müssen.

Die großen Augen der Waldschnepfe sitzen weit seitlich und hoch am Kopf, die hintere Schädelpartie ist relativ schmal. Daher kann der Vogel auch hinter ihm befindliche Feinde wahrnehmen, wenn er mit gesenktem Kopf nach Nahrung sucht.

Das Weibchen verläßt das Nest nur selten. Bei Gefahr sitzt es völlig bewegungslos auf den Jungen, dabei verschmilzt das Gefieder optisch mit den Farben der Umgebung. Die Jungen sind bald nach dem Schlüpfen aktiv und fliegen schon nach zehn Tagen.

In feuchten Wäldern wartet im Boden reiche Beute auf die Waldschnepfe. Sie bohrt mit ihrem langen Schnabel im lockeren Erdreich und packt ihre Beute mit dem Schnabel wie mit einer Pinzette.

die Mutter ihre Jungen noch. Doch schon bald suchen sie ihr Futter selbst.

Die Schnepfenmutter muß ihre Jungen nicht nur ernähren, sie muß sie auch beschützen. Dabei ist ihre hervorragende Tarnung ihr größter Vorteil. Beim Brüten oder wenn sie ihre Jungen warm hält, sitzt sie absolut bewegungslos auf dem Nest. Fühlt sie sich jedoch entdeckt, so versucht die Waldschnepfe durch Hüpfen und Flattern die Aufmerksamkeit des Räubers auf sich selbst und vom Nest weg zu lenken. Sie „verleitet", wie der Biologe sagt. Außerdem wurde mehrfach beobachtet, daß das Waldschnepfen-Weibchen bei Gefahr seine Jungen im Flug über kürzere Strekken wegtransportiert, indem es diese in den Schnabel oder zwischen die Beine nimmt. Auch daß das Weibchen die Jungen mit den Zehen aus der Gefahrenzone trägt, ist mehrfach bezeugt.

HERBSTZUG DER WALDSCHNEPFEN

Unsere heimischen Waldschnepfen machen sich ab Mitte September auf den Weg in ihre klimatisch milderen Winterquartiere in Frankreich, Spanien, Portugal oder Italien. Dort treffen dann auch ihre Verwandten aus Finnland, Skandinavien und Rußland ein. Viele Vögel fliegen mehr als 2500 km, der Rekord liegt bei 4000 km. Sobald in ihren traditionellen Brutgebieten der Boden wieder überwiegend frostfrei ist, fliegen die Waldschnepfen zurück und beginnen unverzüglich mit der Balz.

DIE NATUR BEOBACHTEN

WO SIEHT MAN WALDSCHNEPFEN?

- Waldschnepfen sind nicht gesellig, sondern scheu. Am Boden wird man sie kaum entdecken. Es kommt jedoch vor, daß man sie bei einem Waldspaziergang stört und sie auffliegen.
- Die besten Zeiten zur Beobachtung sind die Morgen- und Abenddämmerung, ganz besonders im Frühjahr und Frühsommer, wenn die Männchen ihre Balzflüge unternehmen. Von einer Lichtung aus kann man die Vögel in Baumhöhe fliegen sehen.
- Im Herbst fliegen die Waldschnepfen in südliche Richtung ab, im März treffen sie wieder bei uns ein. Bei schönem Wetter werden Sie sie nicht zu Gesicht bekommen. An feuchten, nebligen und windstillen Vorfrühlingstagen haben Sie jedoch die Chance, ihre Ankunft zu beobachten.
- An milden Novembertagen, wenn noch einige wenige Waldschnepfen bei uns ausharren, kann man beim Spazierengehen hier und da einen der scheuen Vögel sehen. Wenn sie plötzlich auffliegen, hört man deutlich ihren Flügelschlag. Sie sind schnell außer Sicht, entfernen sich aber nur selten weit von ihrem Unterschlupf.

Waldschnepfen kann man am besten in der Morgen- oder Abenddämmerung beobachten, wenn die Männchen ihre Balzflüge ausführen. Man erkennt sie am kompakten Körper mit dem kurzen Hals, an dem langen Schnabel und den gerundeten Flügeln.

Die Rötelmaus, ein „Schattentier“

Dieser kleine, rotbraune Bewohner von Wäldern, Hecken und Unterholz ist viel häufiger, als man allgemein annimmt. Sein Leben spielt sich im verborgenen ab, abseits der Blicke seiner Feinde – und unserer.

An einem dichtbewachsenen Weg wird unsere Aufmerksamkeit plötzlich angezogen von einem kleinen, bepelzten und sehr schnellen Wesen, das wie ein Blitz genau vor unseren Füßen vorbeihuscht. Solch ein unvermutetes Ereignis ist meist etwas frustrierend, denn man hätte zu gerne gewußt, was da unseren Pfad gekreuzt hat. Die Chance, daß es eine Rötelmaus war, ist ziemlich groß, denn dieses flinke Nagetier ist fast überall zu Hause.

Die Rötelmaus, auch Waldwühlmaus genannt, lebt in unterholzreichen Laubwäldern, waldnahen Hecken, in Feldgehölzen und im Gebüsch. Man findet sie in Parklandschaften ebenso wie in Gärten auf dem Land und in der Stadt. Sie gehört zu den häufigsten kleinen Säugetieren. Es gibt Millionen dieser Tierchen, aber sie zeigen sich nur selten, denn sie sind die ideale Beute für einige Greifvogelarten sowie für Füchse oder andere Fleischfresser. Eine Rötelmaus, die eine freie Fläche überqueren muß, wird das immer in allerhöchster Eile tun. Das unterscheidet sie von der Waldmaus, einem ebenso häufigen Waldbewohner mit fahlerem Fell, deren Schwanz und Pfoten etwas länger sind und die wie ein

RÖTELMAUS UND ERDMAUS

Es ist äußerst schwierig, die einzelnen zu den Wühlmäusen gehörenden Arten zu unterscheiden. Das augenfälligste Merkmal ist die Fellfarbe. Rötel- oder Waldwühlmäuse haben ein kastanienfarbenes Fell, während die Erdmäuse mehr braungrau gefärbt sind. Das Fell der jungen Rötelmäuse ist vor dem ersten Fellwechsel grau, was durchaus zu Verwechslungen mit der Erdmaus führen kann.
Ein wichtiges Unterscheidungsmerkmal sind die Zähne, die man allerdings nicht am lebenden Tier untersuchen kann. Die kleinen Nager sind jedoch die bevorzugte Nahrung der Eulen, und so findet man ihre Schädel oft im ausgewürgten Eulengewölle. Den Schädel einer Rötelmaus erkennt man, unter der Lupe betrachtet, an den Backenzähnen. Deren Oberfläche zeigt zickzackartige Schmelzschlingen, mit denen harte Pflanzenteile besser zerkaut werden können. Die Erdmäuse haben sehr spitze Zähne, während die der Rötelmäuse eher abgerundet sind.

Rötelmäuse leben auf einer kleinen Fläche relativ eng zusammen. Die wenig geselligen Weibchen verteidigen ihr Territorium erbittert.

KENNKARTE

Rötelmäuse haben ein stumpfes Schnäuzchen, kurze Pfoten, kleine Augen und kurze Ohren. Die häufig vorkommenden Säugetiere leben im Unterholz von Laubwäldern, in Hecken und Gebüsch sowie in Erlen- und Weidenbrüchen.

NAME
Deutscher Name: Rötelmaus, Waldwühlmaus
Wissenschaftlicher Name: *Clethrionomys glareolus*

GRÖSSE UND GEWICHT
Kopf-Rumpf-Länge: 9–10 cm, Schwanz 3–4 cm, Ohren 1 cm; Gewicht des erwachsenen Männchens (etwa 20 % größer als das Weibchen): 20–25 g

NEST
Aus Gras, Moos und Laub; unterirdisch oder knapp über dem Boden unter Reisig oder Holz

NAHRUNG
Pflanzen, Früchte, Nüsse, Knospen und Blätter, oft auch Insekten und Würmer

STIMME
Bei Streitereien spitze Schreie, Zähneknirschen, sonst kaum Lautäußerungen

FORTPFLANZUNG
Zwischen März und Oktober; bringt 3–8 nackte, blinde Junge zur Welt, die nach knapp 3 Wochen das Nest verlassen; mehrfache Trächtigkeit in einem Sommer

JUNGE
Ähneln den Erwachsenen, haben aber ein eher graues Fell

VERHALTEN
Einzelgängerisch; verteidigt ihr Territorium

LEBENSRAUM
Büsche und Sträucher, Unterholz, Hecken, Parkanlagen, oft auch Gärten

VERBREITUNG
In ganz Deutschland zu finden

STELLUNG
Eines der kleinsten einheimischen Säugetiere; sie wird manchmal als Schädling angesehen, da die Rötelmaus im Winter die Rinde junger Bäume annagt.

SPUREN
Die Exkremente sind typisch für Mäuse; die Art ist jedoch daran schwer zu bestimmen.

Die Nahrungspalette der Rötelmäuse ist vielseitig. Im Herbst genießen sie das Angebot saftiger Früchte. Im Verhältnis zu ihrer Größe haben sie relativ große Gliedmaßen, mit denen sie die Früchte fest umgreifen können.

In ihren unterirdischen Gängen orientiert sich die Rötelmaus mit Hilfe ihrer langen Tasthaare.

Das Fell der Rötelmaus ist oberseits braunrot, unterseits weißgrau und zur Schwanzspitze hin länger behaart.

Der Schwanz der Rötelmaus ist zweifarbig, oben dunkel und unten hell; der Schwanz der Erdmaus ist einfarbig.

Die Rötelmaus in Deutschland

Verbreitung

Das ganze Jahr anwesend

kleines Känguruh springt. Rötelmäuse haben wie alle Wühlmäuse relativ kurze Pfoten, einen gedrungenen Schädel, ein stumpfes Schnäuzchen, kleine Ohren und Augen. Ihre Pfoten und der kleine Schwanz sind im Fell versteckt, die Augen und Ohren werden kaum sichtbar. Auf den ersten Blick kann man sie nur sehr schwer erkennen.

Rötelmäuse zeigen die allgemeinen Merkmale der Wühlmäuse, unterscheiden sich aber in der Fellfarbe. Auf dem Rücken ist der Pelz rötlich kastanienbraun, am Bauch weißgrau. Der Schwanz ist zweifarbig: oben dunkelbraun und unten weißgrau. Die Länge des Schwanzes beträgt im Durchschnitt die Hälfte, immer aber wenigstens ein Drittel der Körperlänge.

Verborgenes Leben im Dickicht

Der Lebensraum der Rötelmaus ist das Dickicht. Versteckt unter abgestorbenen Ästen und vielen Blättern sucht sie überall auf dem Boden nach Nahrung. Einige Zentimeter unter der Erdoberfläche legen sich die kleinen Tiere im weichen Boden oder im Humus ein System von Gängen an, sie leben aber auch in Baumhöhlen und anderen Verstecken. Ihre aktivste Zeit ist die Morgen- und Abenddämmerung, sie sind jedoch genauso tagsüber, hauptsächlich aber nachts unterwegs. In der Fortpflanzungszeit konzentrieren sich die Aktivitäten der Rötelmaus verstärkt auf ihr Nest, das sie aus Blättern, Moos, feinen Wurzeln und anderen weichen Materialien baut, die sie in der Umgebung sammelt. Das Nest wird oft in den unterirdischen Gängen angelegt, manchmal aber auch in einem hohlen Baumstamm.

Rötelmäuse halten sich meistens am Boden auf, sind aber auch geschickte Kletterer und erklimmen Büsche oder kleine Bäume, wo man sie manchmal in Vogelnestern oder im Nest des Siebenschläfers antrifft. Verlassene Nester von Amseln oder Drosseln kommen ihnen gerade recht, wenn sie im Herbst eine Plattform brauchen, von der aus sie die schmackhaften wilden Beeren, wie Him- oder Brombeeren, erreichen können.

Beeindruckend ist die Populationsdichte bei diesen kleinen Nagetieren: Manchmal leben bis zu 150 Tiere auf einem Hektar. Die Weibchen besetzen oft ein eigenes Territorium, das sie gegen andere Weibchen verteidigen. Die Männchen verfügen über ein größeres Revier, das sich manchmal mit dem anderer Männchen und mehrerer Weibchen überschneidet. In der Zeit, in der sie geschlechtsreif werden, sind die Männchen oft sehr aggressiv. Ganz besonders in der Paarungszeit kommt es zu heftigen Kämpfen unter den Konkurrenten, die von sonoren Schreien begleitet sind. Als Folge dieser Kämpfe tragen erwachsene Männchen oft tiefe Wunden und Narben davon. Weibchen und Junge bleiben von diesen Attacken unberührt.

Vermutlich erkennen sich die Rötelmäuse untereinander am Geruch, jedoch ist dieser Aspekt ihres Verhaltens wissenschaftlich noch nicht ausreichend erforscht. Duftmarken spielen auch bei der Fortpflanzung eine Rolle. Der Geruch eines fremden Männchens in seinem Revier kann bei einem Weibchen zu einer Fehlgeburt führen.

Erstaunlich ist, wie gut Rötelmäuse, die sich verlaufen haben, zu ihrem Nest zurückfinden. Versuche haben gezeigt, daß sie dabei Strecken von über 700 m abdecken können. Vermutlich spielt auch hier der Geruch die ausschlaggebende Rolle. Erwachsene Tiere, die schon ein festes eigenes Revier haben, finden ihr Nest schneller wieder als die Jungen, die kein eigenes Revier haben oder es noch nicht lange bewohnen.

Jährlicher Babyboom

Es gibt Jahre, in denen sich Rötelmäuse sogar im Winter fortpflanzen. Die normale Zeit für die Fortpflanzung beginnt aber Ende März und endet im Herbst. Wenn das Wetter lange warm bleibt und

FRESSVERHALTEN

Fleischige Früchte und feine Samen sind im Herbst die Hauptnahrung der Rötelmaus. In der warmen Jahreszeit frißt sie Knospen und Blätter. Im Winter verschmäht sie auch abgestorbene Blätter nicht, obwohl diese wenig Nährstoffe enthalten. Weiterhin stehen Moose, Flechten, junge Wurzeln, Blüten und Pilze auf ihrem Speiseplan. Manchmal schält sie die zarte Rinde von Ästen ab und frißt Insekten, die sie darunter findet. Besonders im Winter, wenn die Nahrung insgesamt knapp wird, benagt sie die Rinde junger Bäume. Dadurch verursacht sie Schäden in Neupflanzungen oder beeinträchtigt die Regeneration des Waldes. Besonders gern frißt sie die Rinde von Holunder, Buche und Ahorn, daneben schält sie Zweige von Lärche, Tanne und Kiefer. Das erklärt, weshalb die kleinen Nager von den meisten Forstleuten als Schädlinge angesehen werden.

Manche Nahrungsmittel – Nüsse und Bucheckern – werden besonders in nördlichen Breiten in den unterirdischen Laufgängen gehortet oder unter toten Ästen versteckt und später verspeist. Rötelmäuse lieben Nüsse, die sie öffnen, indem sie zunächst ein kleines Loch hineinnagen, das sie dann erweitern. An den Rändern sieht man deutlich die Bißspuren ihrer kleinen Zähne. Sie lieben auch Rosenknospen. Stacheln, die sie erwischen, spucken sie aus. Da die Nahrung der Rötelmaus relativ hart ist, nutzen sich ihre Zähnchen schnell ab. Um diesen Nachteil auszugleichen, wachsen die Schneide- und Backenzähne bis ins hohe Alter ständig weiter.

Vielfältige Ernährung

Die Rötelmaus kann sich hervorragend anpassen: Sie frißt fast alles. Sie legt Vorräte für den Winter an, schält in dieser Zeit die Rinde von den Bäumen und frißt die ersten Knospen und Blüten.

Das Mäuschen hat sich von der Knospe einer Schlüsselblume herauslocken lassen. Alles Eßbare im Dickicht ist im Winter verspeist worden, und solch ein Ausflug kann wegen der Eulen und Käuze gefährlich werden. Schnell bringt die Maus die Knospe unter die Erde, wo sie sie dann in Ruhe verspeist.

Die Rötelmaus versteckt sich unter der Erde in einem Gewirr von Gängen. Oder sie findet in einem alten Baumstumpf Schutz vor ihren Feinden und vor schlechtem Wetter.

es Nahrung im Überfluß gibt, zieht sich diese Zeit bis in den Winter hinein. Ebenso kann sie in guten Jahren sehr früh beginnen. Die Hoden der Männchen schwellen stark an und betragen fast 5 % ihres Gesamtgewichts. Nach einer Tragzeit von 18–20 Tagen werfen die Weibchen bis zu acht Junge, durchschnittlich aber vier. Wenn sie mit der Fortpflanzung begonnen haben, können die Weibchen alle 3–4 Wochen wieder trächtig werden. Eine Rötelmaus-Mutter bekommt also bis zu 20 Junge pro Saison. Diese hohe Reproduktionsrate sorgt für einen schnellen Ersatz der Verluste. In manchen Jahren ist gegen Ende des Sommers die Bestandsdichte der Rötelmäuse extrem hoch. Das wirkt sich auch auf die Bestandsdichte ihrer Feinde aus.

Bei der Geburt wiegen die Kleinen etwa 2 g. Sie sind nackt, blind und sehr empfindlich und werden von ihrer Mutter, die vier Zitzenpaare hat, drei Wochen lang gesäugt. Die Stimme der Jungen deckt Frequenzen ab, die das menschliche Ohr nicht erfassen kann. Die Mutter aber hört das Junge und findet es anhand seiner Signallaute wieder, wenn es aus dem Nest gefallen ist. Nach drei Tagen erscheinen die ersten Pigmente auf der Haut der Jungen, bald wachsen die ersten Haare. Die Kleinen entwickeln sich schnell und sind schon mit etwa drei Wochen in der Lage, sich selbst zu ernähren. Wenn sie das Nest verlassen, sind ihre Zähne komplett. Die Mutter kann sich nun beruhigt einer neuen Schwangerschaft zuwenden. Mit 4–6 Wochen machen die Jungen den ersten Haarwechsel durch und verlieren ihr graues Jugendfell. Im Laufe des Frühlings gehen sie getrennte Wege, im Sommer erreichen sie die Geschlechtsreife und sind ausgewachsen. Die meisten pflanzen sich noch im selben Jahr fort. Das führt zu einem schnellen Anstieg der Population. Gelegentlich zählt man am Ende der Fortpflanzungszeit im Herbst bis zu 150 Rötelmäuse pro Hektar. Es gibt jahreszeitlich bedingte Fluktuationen, und auch nicht jedes Jahr ist so mäusereich. In manchen Gebieten kommt es zu einem regelmäßigen Anstieg und Rückgang der kleinen Nager.

Die Chance zu überleben hängt von vielen Faktoren ab, denn die jungen Rötelmäuse haben viele Feinde. Mehr als die Hälfte von ihnen wird früh im Jahr geboren und stirbt vor dem vierten Lebensmonat. Später geborene haben es etwas leichter, im Durchschnitt jedoch liegt die Lebenserwartung der Mäuse bei nur sechs Monaten. Einige Individuen werden bis zu zwei Jahre alt, doch das sind Ausnahmen. Die größten Feinde

ARTENREICHTUM

Die Rötelmaus gehört zu den Säugetieren, die in der letzten Eiszeit auf den Plan getreten sind. Heutzutage ist sie auf dem ganzen Kontinent verbreitet und kommt mit menschlicher Hilfe sogar auf einigen Inseln vor. Die kleinen Tiere sind mit Futtermitteln für das auf den Inseln lebende Weidevieh eingereist, mit Baumaterial im Frachtraum von Schiffen oder als blinde Passagiere im Gepäck von Reisenden. An die veränderten Lebensbedingungen auf den Inseln haben sich die Mäuse angepaßt, und so sind Formen oder Rassen entstanden, die sonst nirgends vorkommen. Bei der Rötelmaus gibt es mehrere solche Inselformen. So erschienen zum Beispiel auf der Insel Skomer, die vor der Ostküste von Wales in Großbritannien liegt, die Rötelmäuse vor etlichen Generationen. Dort waren die kleinen Nagetiere bis dahin nicht heimisch und die Neuankömmlinge trafen in ihrer ökologischen Nische kaum auf Konkurrenz. Die Insel Skomer beherbergt heute nur Rötelmäuse, die bedeutend größer sind als die Artgenossen auf dem Festland. Die Wühlmäuse, zu denen auch die Rötelmaus gehört, bilden die artenreichste Gruppe der Nagetiere. Zu den in Deutschland bekannteren Arten zählen: Erdmaus, Feldmaus, Schermaus, Schneemaus, Nordische Wühlmaus, Kurzohrmaus, Polarrötelmaus und Bisamratte.

Die besonderen Rötelmäuse auf der Insel Skomer sehen genauso aus wie ihre Verwandten auf dem Festland, sind aber doppelt so groß.

Je nach Jahreszeit fressen die kleinen Säuger auch Pilze, selbst für uns giftige wie den Fliegenpilz. Rötelmäuse sind äußerst flexibel und können ihre Ernährung den Angeboten der Saison anpassen.

der Rötelmaus sind der Waldkauz (der in manchen Regionen bis zu einem Drittel der gesamten Population frißt), der Turmfalke und das Hermelin. Daneben holen sich auch Marder und Füchse manchmal eine Rötelmaus, doch stellen die Nager nur einen geringen Teil der Nahrung dieser Tiere.

Rötelmäuse fressen wie alle Wühlmäuse Pflanzliches, wie Kräuter, Gräser, Samen und Früchte. Daneben nehmen sie regelmäßig Insekten und Würmer zu sich und verschmähen auch nicht Eier, Jungvögel oder Aas. Eine große Rolle für ihr Überleben spielen die klimatischen Bedingungen. Daneben hängt die Populationsgröße vom Nahrungsangebot des vorhergehenden Jahres und der aktuellen Saison ab.

Durchschnittlich werfen die Weibchen im Abstand von 4–6 Wochen je vier Junge. Dieser außerordentlich hohen Geburtenrate steht eine ebenso hohe Sterblichkeitsrate bei den Jungmäusen gegenüber.

Der Waldbaumläufer – am Stamm unterwegs

Er ist häufig und weit verbreitet, dennoch sieht man den Waldbaumläufer selten. Der ausgesprochene Waldvogel ist scheu und durch sein Gefieder hervorragend getarnt. Meist kommen die Menschen ihm näher, als sie ahnen.

Im Herbst wird es stiller in den Wäldern. Die meisten kleinen Singvögel verstummen, und viele versammeln sich in Trupps und fliegen in Gebiete, in denen sie ein besseres Nahrungsangebot finden. Manche Gegenden wirken wie ausgestorben, aber es genügt nur ein solcher Vogeltrupp, und in den Bäumen herrscht wieder Leben. Die kleinen Vögel hüpfen von Ast zu Ast, picken nach Nahrung und rufen dabei unablässig, um die Gruppe zusammenzuhalten.

Meist bestehen diese wandernden Gruppen aus Meisen, besonders oft aus Schwanzmeisen. Wenn man genauer hinschaut, entdeckt man jedoch auch andere Vögel, etwa den Waldbaumläufer.

Der Waldbaumläufer signalisiert seine Anwesenheit durch einen feinen, kurzen Ruf. Seine braune Silhouette jedoch läßt sich am Baum kaum ausmachen. Er ist immer in Bewegung, läuft einen Baumstamm aber nie abwärts, sondern stets hinauf und um den Stamm herum. Im Wipfel angekommen – das kann ohne weiteres in 16 m Höhe sein –, fliegt er nach unten zum nächsten Baum, und das Spiel beginnt von neuem. Charakteristisch sind dabei die ruckartigen Bewegungen, wenn er sich bei der Futtersuche mit den steifen Schwanzfedern an der Baumrinde abstützt.

Den Waldbaumläufer findet man in Wäldern aller Art, wichtig sind Nadelbäume. Laubwälder in niedriger gelegenen Gebieten sind der bevorzugte Lebensraum einer anderen Baumläuferart, des Gartenbaumläufers. Beide Arten sehen sich fast zum Verwechseln ähnlich

Der Waldbaumläufer nistet gern hinter loser Rinde oder in Baumhöhlen. Die Eier werden von beiden Partnern bebrütet. Nach dem Schlüpfen bleiben die Jungen weitere zwei Wochen im Nest und werden von ihren Eltern gefüttert.

WUSSTEN SIE DAS SCHON?

1979 entdeckte man ein Waldbaumläufer-Paar, zwischen dessen Eiern sich das Ei einer Blaumeise befand. Nach einigen Tagen schlüpfte die junge Meise und wurde von den Waldbaumläufern genau wie die eigenen Jungen gefüttert. Das Blaumeisen-Junge brauchte viel länger als die kleinen Baumläufer, bis es flügge war, doch das störte die Baumläufer nicht. Das adoptierte Junge gedieh prächtig, bis es so weit war, das Nest zu verlassen.

– nur ihre Rufe unterscheiden sich deutlich. Sie siedeln in ganz Deutschland.

Der Waldbaumläufer ist an das Leben im Wald ausgezeichnet angepaßt. Seine bevorzugten Insekten sucht er hinter der Rinde von Baumstämmen und den dicksten Ästen der Bäume. Mit seinem langen, feinen, sensiblen und leicht gebogenen Schnabel kommt er tief in alle Risse und Spalten der Rinde hinein. Sein oberseits borkenartig braun-weiß meliertes Gefieder läßt ihn im flirrenden Helldunkel der Blätter optisch mit der Rinde verschmelzen. Zwar zieht seine weiße Brust die Aufmerksamkeit auf sich, aber bei Gefahr preßt er sie so eng an den Baum, daß sie nicht mehr auffällt.

Wie bei den Spechten sind auch beim Waldbaumläufer die Schwanzfedern versteift. Bei seinen Kletterpartien in den Bäumen dienen sie ihm als Stütze. Von diesen wichtigen Federn erneuern sich bei der Mauser die mittleren zuletzt, damit die Stützfunktion des Schwanzes stets erhalten bleibt. Dieselbe Mauserbesonderheit gibt es auch noch bei den Spechten.

Das Territorium wird im Februar abgegrenzt. Der Gesang des Waldbaumläufers ist hoch und besteht aus einer abfallenden Tonreihe mit ansteigendem Schlußpfiff. Er erklingt zwischen Februar und April, dann wieder in einem kurzen Zeit-

Waldbaumläufer sind meist Einzelgänger. In kalten Wintern jedoch finden sie sich zu kleinen Gruppen zusammen. Dann sitzen sie eng beieinander und halten gemeinsam ihre Körperwärme, indem sie ihr Rückengefieder aufplustern.

KENNKARTE

Wie eine Maus klettert der zierliche, scheue Waldbaumläufer ruckartig und in Spiralen den Stamm umrundend die Bäume empor. Man findet ihn im Wald, in den Parks und großen Gärten vom Tiefland bis an die Waldgrenze im Hochgebirge, wenn es dort Nadelbäume gibt.

● NAME
Deutscher Name: Waldbaumläufer
Wissenschaftlicher Name: *Certhia familiaris*

● GRÖSSE UND GEWICHT
Länge: 12,5 cm
Gewicht: 9 g

● MERKMALE
Oberseits hellbraun streifig gefleckt, untere Körperpartien hell, Flügel beige-chamois; heller Überaugenstreif, langer, leicht gebogener Schnabel; lange, feste und spitze Schwanzfedern

● VERHALTEN
Klettert mit kleinen Sprüngen an Ästen und Bäumen hoch, die er dabei spiralförmig umkreist, und fliegt aus dem Wipfel wieder nach unten, um am nächsten Baum auf die gleiche Weise hochzuklettern.

● NEST
Oft hinter loser Baumrinde oder in Baumhöhlen verborgen. Das Nest besteht aus Reisern und Halmen, das Ganze wird vom Vogel noch mit Moos verfestigt.

● EIER
Das Weibchen legt 5–6 weiße Eier. Die Jungen schlüpfen nach 14 Tagen.

● JUNGE
Sie werden von beiden Elternteilen mit Nahrung versorgt und verlassen das Nest nach etwa 2 Wochen. Bereits eine Woche später sind sie selbständig.

● FORTPFLANZUNG
Die Brutzeit beginnt Anfang April. Die erste Brut dauert bis in den Mai.

● NAHRUNG
Grillen, Ohrwürmer, Spinnen und andere Insekten; im Winter gelegentlich Samen

● STIMME
Heller, abfallender Ruf „tssiiet", der für das menschliche Ohr kaum hörbar ist

● LEBENSRAUM
Misch- und Nadelwälder, Parks, Gärten mit altem Nadelbaumbestand

● VERBREITUNG
In ganz Deutschland verbreitet

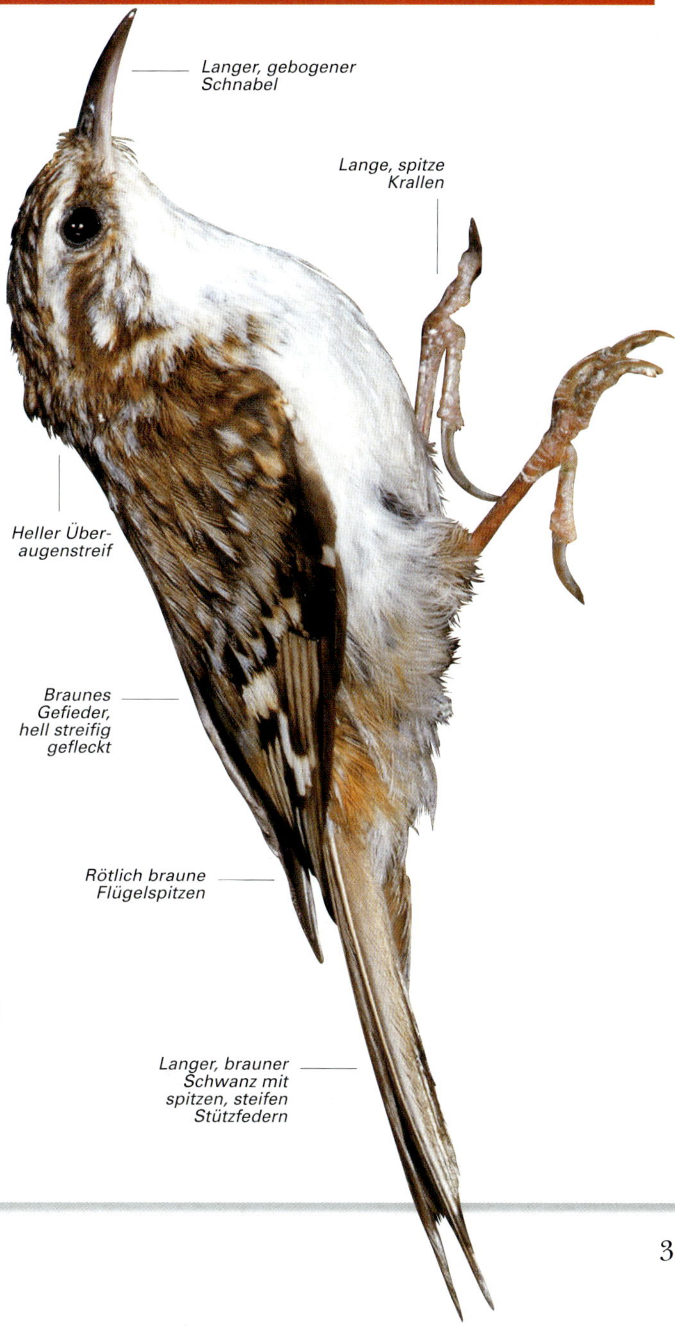

WALDBAUMLÄUFER IM JAHRESLAUF

JANUAR – MÄRZ

Den Winter verbringen die Waldbaumläufer tagsüber zusammen mit Meisen und anderen Vögeln in kleinen Trupps, die im Dickicht und Unterholz des Waldes nach Nahrung suchen. Im Frühling werden wieder eigene Reviere besetzt.

APRIL – JUNI

Das Weibchen baut in einer Baumhöhle oder in einer Spalte hinter loser Rinde sein Nest. Anfang April legt es bis zu 6 weiße Eier; innerhalb von 2 Wochen sind die Jungen flügge. Beim Füttern betteln sie lauthals mit geöffnetem Sperrachen.

JULI – SEPTEMBER

Die jungen Waldbaumläufer sind jetzt selbständig, und die Altvögel mausern. Einige von ihnen singen im Herbst wieder. Die Familienbande lösen sich auf. Jung- und Altvögel schließen sich gemischten Vogeltrupps an.

OKTOBER – DEZEMBER

Nachts sitzen die Waldbaumläufer in ihren Nestern hinter der Baumrinde. Mit aufgeplustertem Gefieder schützen sie ihren Körper gegen Wärmeverlust. Bei großer Kälte tun sie sich auch mit Artgenossen zusammen, um der Witterung zu trotzen.

Kleine Ritzen und Spalten in der Rinde alter Nadelbäume bieten den Waldbaumläufern Schutz. Alte Rinde ist meist mürbe und läßt sich vom Vogel für den Nestbau leicht bearbeiten. Außerdem isoliert sie gut und hält die Jungen warm.

raum im Oktober. Das Männchen verfügt über ein ganzes Repertoire mehrerer Strophen, die er an verschiedenen Orten seines Territoriums vorträgt. Er singt sogar im Flug, wenn er das Gebiet, in dem er sich mit seinem Weibchen niederlassen will, „absteckt", und bekundet damit seinen Besitzanspruch. Die Männchen treffen sich an ihren Reviergrenzen und bestätigen sie durch lautes Singen und Flügelschlagen. Bei Unstimmigkeiten kann es zu Kämpfen kommen: Sie verhaken sich im Flug mit ihren Krallen und fallen schließlich zu Boden.

Das Nest des Waldbaumläufers liegt meist hinter einem Stück Baumrinde oder in einem alten Baumstumpf, manchmal auch in einem Astloch. In manchen Gegenden Europas benutzt der Vogel sein Nest über mehrere Jahre.

Das Männchen wählt verschiedene Nistplätze aus und markiert sie mit Nestbaumaterial. Das Weibchen entscheidet dann, wo gebaut wird, und stellt das Nest innerhalb einer Woche fertig. Die Höhlung füllt es mit dünnen Zweigen, Nadeln und Laub, darüber legt es eine Schicht aus Moos, Haaren und Federn.

Die Nester, meist hinter einem Stück Baumrinde gebaut, sind derart eng, daß sich die Eltern nicht einmal drehen können, wenn sie die Eier bebrüten oder die Jungen mit Futter versorgen. Diese Enge hält jedoch Feinde auf Distanz.

Das Männchen beteiligt sich nicht am Nestbau, versorgt aber das Weibchen in dieser Zeit mit Nahrung. Das tut es, bis die Jungen schlüpfen. Diese Arbeitsteilung ist in zweifacher Hinsicht von Nutzen: Das Weibchen braucht in der wichtigen Zeit von Nestbau und Eiablage nicht nach Nahrung zu suchen, und gleichzeitig wird die Paarbindung gestärkt. Innerhalb von zwei Wochen legt das Weibchen fünf oder sechs Eier. Es zieht die Jungen auf, die aber auch vom Männchen versorgt werden und bereits nach zwei Wochen das Nest verlassen.

SICH ÜBERSCHNEIDENDE BRUTEN

Wenn die Jungen das Nest verlassen haben, werden sie von den Eltern noch eine Woche lang versorgt. In dieser Zeit betteln die Jungen weiterhin lauthals um Futter, nach einer weiteren Woche sind sie dann selbständig. Viele Paare ziehen eine zweite Brut groß, die sich oft mit der ersten überschneidet. Dann wird ein zweites Nest gebaut, und das Weibchen legt schon wieder Eier, während die Jungen der ersten Brut noch nicht ihr volles Gefieder haben.

Die Familiengruppen der Waldbaumläufer lösen sich im Herbst und Winter auf. Sie verlassen ihr Territorium und schweifen mit Meisen und anderen Kleinvögeln im Trupp umher. Nur wenige von ihnen entfernen sich jedoch mehr als 20 km von ihrem Geburtsort.

Im Schwarm umherzustreifen hat Vorteile. Der Schwarm erkennt Gefahren

Für die Gesundheit der jungen Waldbaumläufer ist es wichtig, daß das enge Nest saubergehalten wird. Die Eltern transportieren daher die Ausscheidungen ihrer Jungen mit dem Schnabel nach draußen.

schneller. Die Vögel sind somit also sicherer und können sich an den kurzen Wintertagen stärker auf die wichtige Suche nach Nahrung konzentrieren.

Die Nächte verbringen die Waldbaumläufer in ihren Nestern oder geschützt in Baumhöhlen.

Man erkennt ein regelmäßig besuchtes Nest an den weißen Ausscheidungen, die sich am Rand der Rinde angehäuft haben, denn das Weibchen hält das Nestinnere immer sauber.

Der Bestand der Baumläufer hat sich im Laufe der Jahre verändert. Früher, als die Wälder noch größere Teile des Landes bedeckten, waren sie sehr zahlreich. Mit der Ausdehnung der Städte und der Vergrößerung landwirtschaftlicher Flächen auf Kosten des Waldes haben sich die Populationen stark verringert, scheinen aber stabil zu bleiben. In den letzten Jahren ist sogar eine leichte Zunahme des Bestands zu verzeichnen.

DIE NATUR BEOBACHTEN

WO SIEHT MAN DEN WALDBAUMLÄUFER?

- Es gibt den Kletterer in allen unseren großen Misch- und Nadelwäldern.
- Der Waldbaumläufer ist weit verbreitet. Aber man braucht Geduld, um ihn zu entdecken. Achten Sie im Frühjahr und Herbst auf seine oft gereihten, abfallenden „tssiiet"-Rufe. Wenn diese aus nächster Nähe kommen, sollten Sie sofort ruhig stehenbleiben. Beobachten Sie nun die umliegenden Bäume genau auf Bewegungen am Stamm hin.
- Achten Sie darauf, ob ein kleiner, zierlicher Vogel aus einiger Höhe von einem Baum direkt in Richtung Boden und dann an einen benachbarten Baumstamm fliegt. Ein Waldbaumläufer wird sich jetzt nur baumaufwärts bewegen.

Hinauf!

Mit seinem braun-weiß gezeichneten Gefieder ist der Waldbaumläufer auf der Rinde eines Baumstamms kaum zu erkennen. Wie ein bewegliches Stück Borke klettert er in kleinen Sprüngen hinauf – keineswegs hastig, aber unbeirrbar. Dabei umrundet er Stamm und Äste, bis er den Wipfel erreicht. Dann fliegt er hinunter und klettert den nächsten Baum hinauf.

Nur um ein Insekt mit seinem langen, gekrümmten Schnabel aus der Borke zu ziehen, hält der Waldbaumläufer inne. Geschäftig läuft er den Baum hoch und bedient sich dabei seiner langen scharfen Krallen und der kraftvollen Beine. Halt geben ihm die steifen Stützfedern des Schwanzes.

Der Waldbaumläufer drückt sich gegen den Stamm und horcht, ob sich Larven, Würmer oder andere Insekten unter der Rinde befinden.

Im Gegensatz zum Kleiber kann der Waldbaumläufer nicht den Stamm hinunterklettern, sondern nur hinauf. Dabei ermöglichen es ihm seine langen, gebogenen Krallen, auch unter den Ästen entlangzukriechen.

Bei der Nahrungssuche läuft der Waldbaumläufer einen Baum hoch, dreht dann um und fliegt nach unten. Er landet in nächster Nähe eines anderen Baums und beginnt dann erneut seine Kletterpartie.

Die helle Unterseite des Waldbaumläufers hebt sich von der dunklen Rinde deutlich ab. Wenn sich der Vogel bedroht fühlt, drückt er sich deshalb sofort gegen den Stamm und verdeckt auf diese Weise die verräterischen Gefiederpartien.

Die Spechte

Mit ihrem kräftigen Körperbau und dem so typischen Trommeln sind Spechte die wohl am leichtesten bestimmbaren Vögel des Waldes. Dieses Buch hilft Ihnen dabei, drei bei uns verbreitete Arten zu identifizieren.

Die meisten Laub- oder Nadelwälder werden von mindestens einer Spechtart bewohnt. Unter den drei vorgestellten Arten – Buntspecht, Kleinspecht und Grünspecht – stellt der Buntspecht die geringsten Ansprüche an den Lebensraum und ist daher am häufigsten zu beobachten. Der Grünspecht braucht eine Kombination aus bewaldetem und offenem, sonnigem Terrain, wo er am Boden auf Ameisenjagd gehen kann. Der Kleinspecht, der kleinste und unauffälligste der Spechte, fühlt sich in feuchten Wäldern wohl, in denen der Boden mit den Baumwurzeln einen großen Teil des Jahres aufgeweicht ist. Bei entsprechenden Voraussetzungen kann man die drei Arten in ein und demselben Wald antreffen.

Die interessantesten Beobachtungen machen Sie im Frühjahr. Gehen Sie im Wald oder Park noch vor dem Laubaustrieb auf die Suche. Jetzt ist es leichter, diese Vögel aufzuspüren, die ihre Anwesenheit vor allem durch Rufe verraten.

Weitere einheimische Spechtarten sind: Grauspecht *(Picus canus)*, Schwarzspecht *(Dryocopus martius)*, Mittelspecht *(Picoides medius)*, Weißrückenspecht *(Picoides leucotos)* und Dreizehenspecht *(Picoides tridactylus)*.

TROMMELWIRBEL

Zu Beginn der Paarungszeit lassen Spechte am häufigsten von sich hören. Der Buntspecht äußert ein hartes, lautes „klick“, seine Trommelwirbel gegen den Baum, in dem er nisten möchte, sind relativ kurz mit schneller Schlagfolge. Der Reviergesang des scheuen Grünspechts erinnert an ein lautes Lachen, Trommeln hört man ihn allerdings seltener. Der Kleinspecht ist akustisch am schwierigsten auszumachen; helle, aber dennoch durchdringende Trommelwirbel und der hohe Reviergesang sind die besten Indizien für seine Anwesenheit.

▶ **Der Buntspecht hat ein auffälliges schwarzweißes Gefieder und rote Unterschwanzdecken. Den roten Genickfleck besitzen nur die Männchen.**

Der Grünspecht ist neben dem Grauspecht der einzige Specht, der auch auf dem Boden nach Nahrung – Ameisen und deren Puppen – sucht.

DIE NATUR BEOBACHTEN

WO SIEHT MAN SPECHTE

- Der Buntspecht ist fast überall in unseren Wäldern, aber auch in vielen Parkanlagen anzutreffen. Er gehört zu den regelmäßigen Besuchern unserer Gärten, wo ihn im Winter Erdnüsse an den Futterstellen anlocken.
- Grünspechte sind recht verbreitet. Sie bewohnen sowohl aufgelockerte Wälder als auch Parkanlagen mit alten Bäumen. Bisweilen suchen sie auf den Rasenflächen unserer Gärten nach Nahrung.
- Kleinspechte sind bei uns nicht häufig. Sie fühlen sich vor allem in Auwäldern und Ufergehölzen wohl. Durch den Reviergesang wird man auf sie aufmerksam.

KENNKARTE

TYPISCH SPECHT

- Mit ihrem kräftigen Meißelschnabel hacken Spechte Rinde und Holz auf, um an Insekten und deren Larven zu gelangen. Ihre Bruthöhlen schlagen sie ins morsche Holz. Das Trommeln dient der Revierabgrenzung.

- Gegen das ausdauernde Hämmern ist das Gehirn der Spechte speziell geschützt. Die vorderen Schädelknochen sind sehr stark, es gibt einen schwammartigen „Stoßdämpfer" zwischen Schnabel und Hirnschädel, die Nackenmuskeln sind extrem kräftig.

- Einmalig ist die weit vorstreckbare, borstige, klebrige Zunge. Sie wird im Schnabel aufgerollt.

- Mit den kräftigen Krallen der Zehen haken sich Spechte beim Klettern in den Stamm. Dabei weisen 2 Zehen nach vorn, 2 nach hinten. Der feste Schwanz dient als Stütze beim Klettern.

WIE BESTIMMT MAN SPECHTE?

- Alle Spechtarten (Familie *Picidae*) haben einen großen Kopf und einen kräftigen, meißelförmigen Schnabel.

- Der Flug der Spechte ist wellenförmig; schnelles Flügelschlagen wechselt mit Gleitflugphasen bei fast geschlossenen Flügeln ab.

- Grünspechte haben ein überwiegend grünes Gefieder, auffallend ist die schwarzrote Kopfzeichnung und im Flug der gelbe Bürzel. Buntspechte erkennt man an der Größe und am schwarzweißen Gefieder. Im Flug zeigen sie große, weiße Schulterflecken. Beim winzigen Kleinspecht fehlen an den schwarzweiß gebänderten Schwingen diese weißen Flecken.

- Spechte sind die einzigen mittelgroßen Vögel, die senkrecht an Baumstämmen hochklettern. Anders als die Kleiber können sie aber nicht kopfabwärts klettern.

GRÜNSPECHT *Picus viridis*

Er ist oberseits olivgrün, an Bauch und Bürzel gelblich gefärbt. Seine Schwingen sind dunkelbraun mit heller Fleckung, der Schwanz ist graugrün mit helleren Flecken. Ein roter Scheitel erstreckt sich bis zum Genick. Das Männchen hat eine schwarze Maske und einen roten Bartstreif mit schwarzem Rand. Die Jungvögel ähneln den Altvögeln, ihre Farben sind jedoch blasser, und sie haben eine gesprenkelte Oberseite und einen gebänderten Bauch.

- **GRÖSSE**
  31–33 cm
- **NEST**
  Bruthöhle hoch oben in einem Baum
- **FORTPFLANZUNG**
  Legt 5–7 Eier im April/Mai
- **NAHRUNG**
  Ameisen am Boden und aus Ameisenhaufen; selten auch Früchte und Samen
- **STIMME**
  Lachende Rufreihen und durchdringende Alarmschreie
- **LEBENSRAUM**
  Laubwälder mit Lichtungen, große Gärten, Parks und Heidelandschaften
- **VERBREITUNG**
  Fast überall in Mitteleuropa

Der Grünspecht – ein kompakter und kräftiger Vogel – sucht am Boden nach Nahrung. Wird er gestört, fliegt er mit lauten Alarmrufen davon.

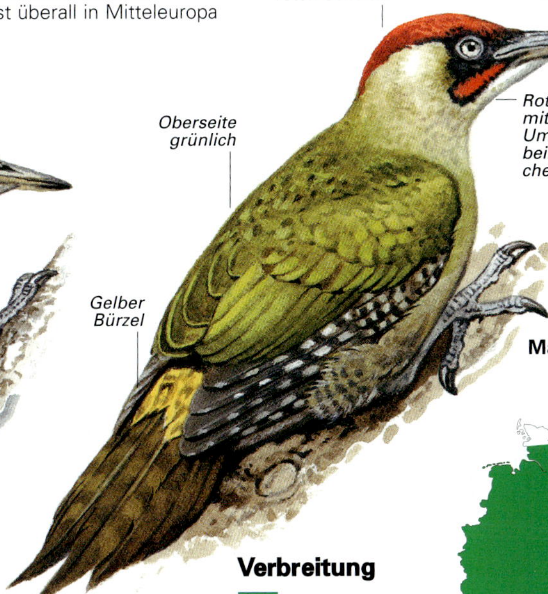

BUNTSPECHT *Picoides major*

Mittelgroßer Vogel mit lebhaft schwarz-weiß-rotem Gefieder. Seine fast schwarze Oberseite kontrastiert mit den beiden weißen Schulterflecken, den weißen Querstreifen auf den Schwungfedern, den weißen Wangen und der weißen Zone an den Halsseiten. Männchen und Weibchen haben ähnliche rote Unterschwanzdecken, doch nur das Männchen besitzt einen roten Genickfleck. Jungvögel erkennt man am roten Scheitel, an der schmutzigweißen Unterseite und den diffusen weißen Streifen auf den Flügeln.

● GRÖSSE
22–23 cm

● NEST
Zimmert seine Bruthöhle in einen Baum

● FORTPFLANZUNG
Legt 4–7 runde, weiße Eier im April/Mai

● NAHRUNG
Insektenlarven in Bäumen, Früchte und Samen, Eier und Jungvögel von Vogelarten, die in Bäumen nisten; besucht auch Futterplätze

● STIMME
Schnelles Trommeln während der Paarungszeit; schrille Alarmrufe

● LEBENSRAUM
Alte Wälder, Parks, große Gärten und Haine mit altem Baumbestand

● VERBREITUNG
In ganz Deutschland weit verbreitet

Der Buntspecht ist ein aktiver Vogel, der oft von den höchsten Ästen der Bäume seinen harten Alarmruf ertönen läßt. Er ist der häufigste Specht Europas.

KLEINSPECHT *Picoides minor*

Er ist kaum größer als ein Haussperling und das kleinste Mitglied seiner Familie. Rücken und Schwingen sind schwarzweiß gebändert, es fehlen die auffallend großen, weißen Schulterflecken des Buntspechts. Die Unterschwanzdecken sind weiß mit schwarzen Sprenkeln. Der Scheitel ist beim Männchen rot, beim Weibchen weiß, das Genick schwarz. Die Jungvögel ähneln den Alten, ihre Unterseite ist bräunlicher weiß.

● GRÖSSE
14–15 cm

● NEST
Bruthöhle in Bäumen, bisweilen in stärkeren Ästen

● FORTPFLANZUNG
Legt 4–6 weiße Eier im April/Mai

● NAHRUNG
Insektenlarven in morschem Holz

● STIMME
Reviergesang ein hohes, schnelles Pfeifen

● LEBENSRAUM
Lichte Laubwälder, Parks, große Gärten, Erlenwäldchen und Weiden an Wasserläufen

● VERBREITUNG
In ganz Deutschland verbreitet, aber nicht häufig

Kleinspechte zimmern ihre Bruthöhlen oft in stärkeren Ästen alter Bäume. Die unauffälligen kleinen Vögel sind im Blättergewirr oft sehr schwer zu entdecken.

Im Frühling kann man in den Misch-, Laub- und Nadelwäldern, die der Buntspecht bewohnt, häufig sein charakteristisches Trommeln hören. Hat er einen Zapfen oder eine Nuß gefunden, klemmt er sie in eine Spalte in der Rinde und bearbeitet sie mit seinem kräftigen Schnabel.

**Rotes Ordensband
auf Baumrinde**

SELTSAME INSEKTEN

Sie sind winzig klein, aber so zahlreich, daß man sie kaum übersehen kann. Ständig bedroht von Vögeln und Nagetieren, haben manche von ihnen Tarnungen entwickelt, die reinster Etikettenschwindel sind.

Tarnung bei Insekten

Viele Insekten sind wahre Meister der Tarnung. Im Laufe ihrer Entwicklungsgeschichte haben sie zahlreiche Tricks entwickelt, wenn es darum geht, sich vor ihren möglichen Feinden zu verstecken.

Man kann Tarnung als Kunst der Illusion oder als List bezeichnen. Im Reich der Insekten wird uns ihre Vielfalt durch eine unglaubliche Anpassung an die Umgebung vorgeführt, deren Ziel es ist, die Tiere vor ihren Feinden, in erster Linie den Vögeln, zu schützen. Da Vögel auf Sicht jagen, richtet sich die Tarnung meistens darauf, sich möglichst unsichtbar zu machen.

Die einfachste Form der Tarnung ist das Annehmen der Umgebungsfarbe. Heuschrecken, besonders das Grüne Heupferd, sind Experten in dieser Kunst. Ihre braun und grün geäderten Flügel verschwinden regelrecht in der sie umgebenden Vegetation. Auch viele Raupen zeigen dieses Phänomen, wenige aber haben sich derart perfekt ihrer Nahrungspflanze angepaßt wie die Raupe des Kleinen Kohlweißlings, die man im Weißkohl vor dem Kochen manchmal leider nicht entdeckt.

VOLLKOMMEN UNBEWEGLICH

Es gibt Nachtfalter, deren Flügel in Ruhestellung völlig mit ihrer Umgebung verschmelzen. Viele verbringen den Tag an der Rinde von Bäumen und Sträuchern, und dort sind sie durch ihre Zeichnung kaum zu sehen. Der Schnauzenspinner oder der Wollrückenspinner sind gute Beispiele dafür. Interessant ist, daß sich viele Nachtfalter im Herbst goldbraun färben und damit die Farben der absterbenden Blätter annehmen. Es ist dann fast unmöglich, die Falter im Herbstlaub noch zu entdecken.

Viele Insekten versuchen, den verräterischen Schatten, der an ihrem eigenen Körper entsteht, zu vertuschen. Ihre Körperunterseite, die häufig im Schatten liegt und dann dunkler erscheint, ist daher heller gefärbt als die Körperoberseite. So wird der Eindruck verhindert, es handele sich hier um einen Körper mit Licht- und Schattenseite. Einige Heuschreckenarten und verschiedene unbehaarte Raupen versuchen auf diese Weise, ihre Freßfeinde zu täuschen.

Viele Raupen drücken sich, wenn sie ruhen, eng an den Ast. Sie riskieren

Dieser Spanner ist mit seinen ausgebreiteten graubraunen Flügeln auf der Rinde fast nicht zu sehen. Dazu hat er sich so hingesetzt, daß das Streifenmuster seiner Flügel mit den Rissen der Borke übereinstimmt.

Der Körper der Eichenschrecke sieht wie ein grünes Blatt aus, und ihre langen Beine und ihre Fühler könnten ohne weiteres kleine Zweige sein. Dank dieser Tarnung kann das Tier sich ziemlich sicher fühlen, es ist aber immer auf der Hut.

dabei einen Schatten am Rand zwischen ihrem Körper und der Baumrinde. Die Raupen vieler Schmetterlinge haben auf der ganzen Länge der Körperseiten feine Haare, die die Schattenzone abdecken. Zum gleichen Zweck senkt die Blattwanze ihre Flügeldecken leicht ab.

Einige Augenfalterarten sind nicht mehr zu sehen, sobald sie sich auf den Boden setzen. Sie falten ihre getüpfelten Hinterflügel eng zusammen und richten sich nach der Sonne aus. In dieser Position werfen sie kaum einen Schatten und sind praktisch unsichtbar.

Gut sichtbare Farben

Viele Schmetterlinge haben auf Flügeln oder Hinterleib kontrastreiche Streifen oder Tupfen. Diese starken, scheinbar auffälligen Zeichnungen haben in Wirklichkeit die Aufgabe, vom Umriß des Schmetterlings abzulenken. In ihrer natürlichen Umgebung werden die Tiere dadurch unsichtbar.

Streifen sind eine hervorragende Tarnung, wenn sie beim ruhenden Tier parallel zu Rissen in der Baumrinde oder zu einem anderen Streifenmuster in der Unterlage verlaufen. Das Wechselspiel von Flecken und Streifen – die Biologen sprechen von einer körperauflösenden Zeichnung – läßt sich gut bei der großen Schmetterlingsfamilie der Spanner beobachten. Ein schönes Beispiel ist hier der Pappelspanner, der mit seiner Färbung die Rinde von Laubbäumen nachahmt.

Man hat den Eindruck, daß die Falter wissen, wie die Illusion perfekt wird. Risse in Baumrinden verlaufen mehr oder weniger senkrecht. Häufig nehmen die Tiere eine Position auf dem Baumstamm ein, die dieser Richtung entspricht, und dort bleiben sie dann über längere Zeit reglos sitzen.

Auch Raupen haben bei entsprechender Färbung eine größere Überlebenschance. Der dunkle Fleck in Form eines Sattels auf dem grünen Rücken der Raupe des Großen Gabelschwanzes unterbricht die Silhouette der Raupe und macht es selbst auf wenige Zentimeter Entfernung schwierig, sie zu erkennen. Die violetten und weißen Streifen an den Körperseiten der Raupe des Ligusterschwärmers haben den gleichen Zweck. Und bei der halb erwachsenen schwarzen Raupe des großen Perlmuttfalters lassen silbrigweiße Längsstreifen und rote Flecken an den Seiten ebenfalls die Körperumrisse verschwimmen.

Raffinierte Verstellung

Viele Insekten gehen in ihrer Tarnung weit über eine farbliche Anpassung an ihre Umgebung hinaus. Es gibt regelrechte Spezialisten, die Blätter, Zweige und andere Teile ihres Lebensraums, für die sich Vögel und andere Freßfeinde nicht interessieren, imitieren.

Mit ihren Beinen ertastet die Blattwanze die Oberfläche des Blattes und setzt sich dann so hin, daß die Mitte ihrer Deckflügel mit der mittleren Blattrippe eine Linie bildet.

Spanner und Spinner

Tagsüber, wenn ihre größten Feinde, die Vögel, nach Nahrung suchen, sind Nachtfalter, wie zum Beispiel die Spanner, inaktiv. Ihre Tarnung schützt sie vor der Aufmerksamkeit ihrer Verfolger.

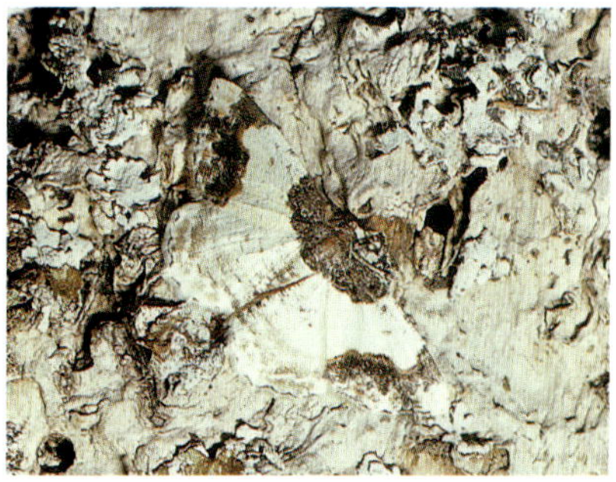

In lichten Laubwäldern lebt der Pfaffenspanner bevorzugt auf Birkenstämmen. Sein hell-dunkles Tarnkleid läßt ihn perfekt mit der Baumrinde verschmelzen. Er wirkt wie eine Flechte.

Nur wenige Schmetterlinge unserer Breiten imitieren ein Blatt so täuschend ähnlich wie die Kupferglucke. Durch den gekräuselten Rand der Flügel entsteht der Eindruck eines herbstlichen Buchenblattes.

Der Buchenspinner (ein entfernter Verwandter der Seidenspinner) sieht aus wie eine knorrige Stammverdickung und wird von Vögeln nicht entdeckt. Kopf und Beine werfen keinen Schatten.

PERFEKTER BLUFF

Wenn das Abendpfauenauge ruhig an einem Baum sitzt, bedecken seine vorderen braungrauen Flügel die hinteren. Der Nachtfalter ist auf diese Weise gut getarnt und wirkt auf der Baumrinde ganz unauffällig. Wird er jedoch gestört, öffnet er blitzschnell die Flügel, und auf jedem Hinterflügel erscheint ein großer Augenfleck. Die Überraschung ist perfekt: Zwei Augen starren den Störenfried an und treiben ihn in die Flucht. Wenn der Schmetterling jetzt noch seinen Körper auf und ab bewegt, sieht das so „gefährlich" aus, daß ihm niemand gern zu nahe kommt. Dabei ist das Abendpfauenauge harmlos. Die kleine Raupe des Kleinen Weinschwärmers hat folgenden Trick: Die vier Augenflecken an ihrem Vorderkörper vergrößert sie durch Zurückziehen des Kopfes, denn dadurch schwillt ihr Vorderkörper an.

Tarnung ist die wichtigste Verteidigung des Abendpfauenauges. Wenn es auf der Rinde eines Baumes oder im Fallaub sitzt, ist es trotz seiner beachtlichen Größe kaum zu erkennen.

Fühlt sich das Abendpfauenauge bedroht, etwa von einem kleinen Vogel oder einem kleinen Säugetier, öffnet es die Vorderflügel und zeigt die beiden bedrohlichen Augenflecken auf den Hinterflügeln.

Die ringsum bedornte Larve dieses Schildkäfers tarnt sich, indem sie ihre abgestreifte Haut und ihre Exkremente auf ihrem Körper drapiert. Damit imitiert sie Vogelkot und wird von ihren Freßfeinden nicht beachtet.

Der Zitronenfalter imitiert ein Blatt. Da seine Flügel in Ruhestellung geschlossen sind, ist er durch die hellgrüne Farbe und die feinen Äderchen auf den Flügelunterseiten perfekt getarnt. Fast unsichtbar ist er, wenn er sich zwischen Blättern niederläßt. Mit seiner dunkelbraunen Unterseite und den gezackten Flügelrändern sieht der C-Falter wie ein abgestorbenes Blatt aus. Noch täuschender und nützlicher ist diese Tarnung, wenn er in die Winterstarre fällt. Wie viele andere Insekten stellt sich auch dieser Schmetterling bei Gefahr tot. So wird er von seinen Freßfeinden, die nur an lebender Beute interessiert sind, nicht beachtet.

Imitation von Pflanzenteilen

Noch viele weitere Nachtfalter imitieren mit ihrer ungewöhnlichen Form oder ihrer Haltung in Ruhestellung ein Blatt. So sieht der Pappelschwärmer durch die Art, wie er seine Flügel zusammenlegt, wie ein welkes Blatt aus.

Im Ruhezustand faltet die Kupferglukke ihre vorderen Flügel wie ein Dach über sich zusammen, während die hinteren darunter hervorschauen. Die Linie zwischen den Flügeln ähnelt verblüffend der Hauptrippe eines verwelkten Blattes, und die nach vorn zeigenden Fühler sehen wie Blattstiele aus. Wenn die Tiere dann regungslos an einem Ast oder zwischen welken Blättern sitzen, verschmelzen sie völlig mit ihrer Umgebung.

Viele Raupen imitieren kleine Zweige. Das ist vor allem bei den Spannern der Fall. Sie haben am Hinterende zwei Paar Afterfüße. Im Ruhezustand krallen sie sich damit an einem Ast fest und heben den Rest ihres Körpers in einem Winkel vom Ast ab, so daß sie wie ein abstehender Zweig aussehen. Manche Raupen, besonders die verschiedenen *Ennomos*-Arten, tragen außerdem noch kleine Warzen, die Blütenknospen ähneln. Außerdem gibt es erwachsene Schmetterlinge, die abgebrochene Zweige imitieren, wenn sie ihre Flügel eng an den Körper schmiegen. Der Mondvogel ist mit seiner hellen Brust und seinen silbrigen, an der Spitze durchsichtigen Flügeln ein hervorragendes Beispiel dafür.

Schmutzige Maskeraden

Einige Insektengruppen genießen einen gewissen Schutz dadurch, daß ihre Larven dem Kot von Vögeln ähnlich sehen. Der Rüsselkäfer *Platyrrhinus resinosus* zum Beispiel nutzt diese Art der Tarnung. Mit dem schwarz und braun gesprenkelten Körper und den schmutzigweißen Flekken auf den Beinen ähnelt die Larve schon Vogelkot, wenn sie sich langsam vorwärts bewegt. Geradezu perfekt ist die Illusion, wenn sie bei drohender Gefahr erstarrt und ihre Beine einzieht. Ein großer, weißer Fleck an ihrem Hinterleib vervollständigt die Tarnung. Auch viele Kleinschmetterlinge und einige Wickler können wie Vogelkot aussehen. Sie sind schwarzweiß gezeichnet, und Bereiche mit glitzernden Schuppen lassen manche von ihnen wie flüssig aussehen.

Diese Puppe (links) eines Kleinschmetterlings liegt offen auf einem Blatt. Sie bleibt unentdeckt, weil sie sich das Aussehen von Vogelkot gibt.

Die Raupe des Lanzenspanners sieht wie ein Zweig aus. Sie hat sogar kleine dunkle Auswüchse, die an Knospen oder Flechten erinnern.

Einige Insekten täuschen ihre Feinde mit echten Verkleidungen. Die Larven der Florfliegen bedecken sich mit den Körperhüllen der Blattläuse, deren Inneres sie vorher gefressen haben. Die Larven mancher Blattwanzen und verschiedener Blattkäfer bedecken sich sogar mit ihren eigenen Exkrementen. Die Larven des Lilienhähnchens, die sich von Lilienblättern ernähren, sind mit einer schwarzen, schmierigen Masse bedeckt, die sie wie Schneckenkot aussehen läßt.

GROSSE AUGEN

Das große Ochsenauge und andere Vertreter der Familie der Augenfalter haben außen an ihren Flügeln kleine, weithin leuchtende Augenflecken. Diese Punktaugen sollen keine Feinde vertreiben (dazu sind sie viel zu klein), sondern sie sollen die Aufmerksamkeit eines Feindes vom Kopf und Körper des Schmetterlings ablenken. Daß dies bei den Feinden wirkt, bezeugen Zahnspuren und Spuren von Schnabelhieben, die man rund um die Punktaugen feststellen kann.

Die Hinterflügel des Eichenzipfelfalters haben an der Spitze dunkle Flecken, die wie Augen aussehen, wenn die Flügel geschlossen sind. Kleine Fortsätze an den Flügelrändern können für Fühler gehalten werden. Linien auf den Flügeln lenken die Aufmerksamkeit auf diesen falschen Kopf. Als wollten sie es auf die Spitze treiben, bewegen die Falter noch ihre Flügel auf und ab. Diese Tarnung ist zwar nicht perfekt – aber sie reicht aus, das Tier zu schützen.

FARBEN UND LISTEN

Viele Nachtfalter verstecken ihre auffällig gefärbten Hinterflügel tagsüber und während der Ruhe unter den unauffällig gefärbten Vorderflügeln. Fühlen sie sich bedroht, fliegen sie kurz auf und präsentieren die Hinterflügel. Der Vogel, der den Schmetterling verfolgt, sieht sich plötzlich einem seltsamen Wesen gegenüber. Sowie sich der Falter aber auf den Boden fallen läßt und die Hinterflügel wieder bedeckt, kann der Vogel ihn nicht mehr entdecken, selbst wenn der Falter ganz in der Nähe ist. Die Wanze *Alydus calcaratus* verfolgt eine ähnliche Strategie, aber die rote Farbzeichnung, mit der sie ihre Feinde in die Irre führt, befindet sich bei ihr auf dem Hinterleib und nicht auf den Hinterflügeln.

Die Raupen mancher Falter verändern ihre Farben und Muster entsprechend ihrer Entwicklung und passen sich unterschiedlichen Stellen ihrer Nahrungspflanze an. Manche Wanzen und Florfliegen verändern ihre Farbe auch, bevor sie in Winterstarre fallen. Im allgemeinen ist diese Fähigkeit bei den Insekten jedoch nicht so stark ausgeprägt. Große Farbänderungen gibt es bei ihnen nicht. Grashüpfer und Schrecken werden dunkler, wenn man sie auf Torf oder auf einen dunklen Boden setzt, und manche Raupen werden etwas heller oder dunkler, wenn man sie unter unterschiedlichen Bedingungen hält. Solche Farbänderungen können jedoch nur zum Zeitpunkt der Häutung auftreten.

Der Zitronenfalter setzt sich auf einen Ast mitten zwischen Blätter, die mit ihrem Graugrün genau seinen Farben entsprechen. Hier fällt er nicht mehr auf.

Die Krabbenspinne *Misumena varia* lauert auf gelben oder weißen Blüten Insekten auf. Um nicht gesehen zu werden, nimmt sie die jeweilige Blütenfarbe an.

Die Tarnungsstrategien der Insekten entstanden durch Selektion. Die Individuen, die am schlechtesten getarnt sind, werden zuerst gefressen. Tiere mit wirkungsvoller Tarntracht leben lange genug, um sich fortzupflanzen und der nächsten Generation ihre Eigenschaften weiterzugeben. So wird im Laufe der Zeit die Tarnung immer perfekter.

Die Raupe des Hufnagels versteckt sich inmitten von Flechten, von denen sie sich ernährt. Man findet die Raupe auf Eichen, manchmal auch auf mit Flechten bewachsenen Gartenzäunen.

DIE NATUR BEOBACHTEN

WO FINDET MAN GETARNTE INSEKTEN?

- Insekten haben im Laufe der Zeit erstaunliche Tarnungen entwickelt. Deshalb müssen Sie sehr genau hinsehen.
- Schauen Sie Baumrinden, Zweige oder Blattunterseiten genau an. Hier sitzen oft Spanner, denn sie suchen gern schattige Stellen auf.
- Betrachten Sie Äste und Zweige unter dem Aspekt, daß nicht jeder Streifen, den Sie sehen, zur Rinde gehören muss. Bei genauerem Hinschauen entdeckt man manchmal die Querstreifen von Schmetterlingsflügeln.

Der Hirschkäfer – ein Gigant

Unser Hirschkäfer *(Lucanus cervus)* ist der größte einheimische Käfer. Ihr beeindruckendes „Geweih“ setzen die Männchen im Kampf um die Weibchen ein.

Mit seinen gewaltigen Mundwerkzeugen, dem „Geweih“, ist der Hirschkäfer unverwechselbar.

Die Männchen des Hirschkäfers sind untereinander recht aggressiv und wie alle Käfer aufgrund ihrer Körpergröße, die allerdings stark variiert, sehr kräftig.

Die Männchen des Hirschkäfers sind berühmt für die imposanten Ausmaße ihrer Mundwerkzeuge. Diese sind eigentlich der Oberkiefer, sie spielen jedoch für die Nahrungsaufnahme bei diesen Tieren keine Rolle mehr. Der praktische Nutzen des „Geweihs“ besteht lediglich darin, das Weibchen im Moment der Begattung festzuhalten und den Gegner bei Rangkämpfen auszubooten. Die Kieferzangen der Weibchen sind wesentlich kleiner, aber auch viel kraftvoller. Damit können sie schmerzhaft zubeißen, wenn man sie festhält.

Kampf der Männchen

Die Männchen kämpfen miteinander, indem sie sich mit ihren Geweihen ineinander verhaken. Der Sieger hebelt seinen Rivalen einfach aus und versucht ihn auf den Rücken oder vom Ast zu werfen. Diese Art Kämpfe sieht man bei in Gefangenschaft gehaltenen Hirschkäfern relativ häufig, in der Natur kommen sie seltener vor. Anlaß ist immer ein Weibchen, das sich allerdings für keinen von beiden zu interessieren scheint. Im Grunde wählt es nicht den Sieger, sondern der Besiegte verschwindet einfach, und der Sieger bleibt da. Nach der Begattung gräbt das Weibchen mit seinen spitzen Vorderbeinen auf Bodenniveau oder etwas tiefer eine Höhle in einen morschen Baumstumpf und legt dort eine

GESCHÜTZTE ART!

Der Hirschkäfer *(Lucanus cervus)* gehört gemäß der Bundesartenschutzverordnung (Anlage 1) von 1986 zu den geschützten Tieren.

Das „Geweih“ des Hirschkäfers soll den Gegner beeindrucken. Bei manchen Exemplaren ist es jedoch sehr klein. Seine Größe hängt von der Qualität der Nahrung ab, die die Hirschkäfer im Larvenstadium hatten.

Traube gelblicher Eier ab. Bevorzugter Ablageplatz sind Eichen, es nimmt aber auch Ulmen, Buchen oder Eschen, in Gärten sogar Apfelbäume. Die Larve entwickelt sich über 3–4 Jahre bis zu ihrer Verpuppung.

SOMMERNÄCHTE

An warmen Abenden zu Beginn des Sommers erscheinen die ausgewachsenen Hirschkäfer. Sie lecken den süßen Saft, der aus Wunden von Bäumen oder aus reifen Früchten fließt. Nachts werden sie wie magisch von Straßenlaternen angezogen und taumeln dann wie betrunken über den Asphalt.

Männchen erreichen inklusive des „Geweihs" eine Länge von 8 cm, während die Weibchen kaum größer als 5 cm werden, meist sogar noch kleiner bleiben. Wie bei den meisten Holzfressern hängt ihre Körpergröße von der Qualität ihrer Nahrung während der Larvenzeit ab. Manchmal entstehen Kümmerformen mit im Verhältnis zum Rumpf anormal kleinen Geweihen. Kopf und Brust des Hirschkäfers sind schwarz, seine Flügeldecken gehen eher ins Braune, bei den Männchen sogar ins Rotbraune. Die Käfer fliegen in der Abenddämmerung, ihr Flug ist schnell und laut surrend. Beide Geschlechter können fliegen, aber fliegende Hirschkäfer sind meist Männchen auf der Suche nach einer Partnerin; die Weibchen bleiben überwiegend auf dem Boden.

LANGES LEBEN ALS LARVE

Einige Wochen nach der Eiablage schlüpfen die Larven und beginnen sofort damit, sich durch das Holz zu fressen. Die Larve hat einen braunen Kopf, ihr Körper ist dick und weiß und immer in Form eines C gekrümmt. Zwar verfügt sie über 6 gut entwickelte Beine, aber sie bleibt in der Tiefe der Gänge, die sie gegraben hat. Wenn man einen alten Baumstumpf oder totes Holz aufschneidet, entdeckt man im Inneren manchmal Larven, die einen scharrenden Laut von sich geben. Dieser entsteht, wenn die mittleren Beine der gekrümmten Larve sich gegen den Rücken bewegen. Holz ist keine leicht verdauliche Nahrung, deshalb enthält der Verdauungstrakt der Larven eine Armee von Bakterien. Bis die Larven ausgewachsen sind, dauert es 3–4 Jahre, denn Holz ist nicht besonders nahrhaft. Die erwachsene Larve mißt bis zu 8 cm und verläßt das Holz, um sich auf dem Erdboden zu verpuppen und die Metamorphose durchzumachen.

Alte Larven haben in etwa die Größe eines Fingers. Mehr als drei Jahre verbringen sie zur Entwicklung in ihrem Wirtsholz, alten Baumstümpfen und morschen Zaunpfählen.

Seit fast einem Jahrhundert schon nehmen die Hirschkäferbestände ab. Die moderne Forstwirtschaft läßt ihnen keine vermodernden Baumstümpfe. Dazu kommt, dass die früher üblichen Holzzäune durch Metallzäune ersetzt oder gegen Insektenfraß behandelt wurden. Vor einigen Jahren bescherte das große Ulmensterben den Käfern eine nahrhafte Periode, aber sie ging schnell vorüber. Der Hirschkäfer steht als „stark gefährdet" auf der roten Liste.

▲ Bei den Männchen sind die Mundwerkzeuge so lang und massiv, daß sie sich nicht mehr korrekt bewegen lassen. Das „Geweih" sieht zwar gefährlich aus, aber es kann gar nicht zubeißen.

DIE NATUR BEOBACHTEN

WO FINDET MAN HIRSCHKÄFER?

- Suchen Sie vorzugsweise in etwas vernachlässigten Laubwäldern und in Parks mit altem Baumbestand.
- Einen Hirschkäfer *(Lucanus cervus)* bekommen Sie nur mit sehr viel Glück zu Gesicht. Vielleicht aber finden Sie seinen nächstkleineren Verwandten, den mattschwarzen Balkenschröter *(Dorcus parallelopipedus)*. Er ist allerdings nur bis zu 3 cm groß und sein „Geweih" nur wenig länger als sein Kopf. Seine Larven findet man in vielen Baumarten, oft auch in Weiden.

▲ Das Weibchen ist deutlich kleiner als das Männchen, und seine Mandibeln sind kürzer. Es kann sie daher viel präziser benutzen als das Männchen und auch kräftig zubeißen.

► Die ausgewachsenen Käfer leben nur einige Wochen, in denen sie sich fortpflanzen. In der Sommermitte sterben sie dann. Vorher legt das Weibchen noch seine Eier in morschen Baumstümpfen, z. B. von Eichen oder alten Obstbäumen, ab.

Zwei kämpfende
Hirschkäfer-Männchen

An Krümeln, übriggeblieben von einem Picknick, gehen die Ameisen nicht vorbei. Diese couragierten Insekten kämpfen mit einer Beute, die größer ist als sie selbst.

Im Ameisenreich

Ein Hügelnest der Roten Waldameisen beherbergt in seinem Labyrinth von Gängen einen Staat mit bis zu zwei Millionen Tieren. Es gibt Arbeiterinnen, Königinnen und Männchen.

Die Rote Waldameise ist an ihrem schwarzen Hinterleib, ihrer rötlich gefärbten Brust und dem rötlichen Vorderkopf zu erkennen. Die Arbeiterinnen sammeln Reisig und Fichtennadeln für den Bau ihres Nestes.

Die Rote Waldameise *(Formica rufa)* gehört zu den größten einheimischen Ameisenarten. Ihre Arbeiterinnen sind bis zu 9 mm groß und die Königinnen, die bis zu 15 Jahre alt werden, durchschnittlich 11 mm. Die Rote Waldameise ist zwar weit verbreitet, aber nicht mehr so häufig.

Ihr Nest baut die Rote Waldameise in relativ lichten Laub- und Nadelwäldern. Es beherbergt mitunter mehrere Königinnen und bis zu zwei Millionen Ameisen, die in einem System von Tunneln und Kammern im Ameisenhügel und in der Erde darunter leben. Die aus den Tunneln herausgeworfene Erde bildet die Basis des großen Hügelnestes, das die Ameisen aus Nadeln von Fichten, Tannen oder Kiefern, Blättern und trockenem Reisig auftürmen. Das Baumaterial wird von den fleißigen Arbeiterinnen aus der Umgebung herangeschleppt.

Die Pflege des Ameisenhaufens

Ständig arbeiten die Ameisen daran, ihr Nest in gutem Zustand zu erhalten. Sie transportieren Nadeln und Reisig heran und schaffen altes Material nach draußen. Diese permanente Pflege verhindert, daß der Nesthügel zerfällt.

Nach Winterende beginnen die Roten Waldameisen damit, den Nesthügel auszubessern und weiter aufzubauen. Auf diese Weise stellen sie sicher, daß während des Sommers in seinem Inneren eine gleichmäßige Temperatur herrscht. In sonniger Lage ist der Nesthügel relativ niedrig und flach, in eher schattiger Lage ist er hoch, damit die großen Seitenflächen möglichst viel Sonnenwärme einfangen. Wird es innen zu warm, legen die Ameisen sogar Lüftungsschächte an.

Die Hauptnahrung der Waldameisen bilden Insekten und sonstige Kleintiere. Ständig sind die Ameisen auf der Jagd nach Fliegen, kleinen Käfern und Raupen, die sie sowohl lebend als auch tot fressen. Besonders beliebt ist aber der zuckerhaltige Saft, den Blattläuse ausscheiden, der Honigtau. Davon kann ein großes Volk im Laufe eines Sommers bis zu 500 kg eintragen.

Die Kolonien der Roten Waldameise liegen weit auseinander, so daß sich die Tiere nicht ins Gehege kommen. Dringt eine Waldameise jedoch in fremdes Territorium ein, so wird sie angegriffen.

Rund um ihr Nest suchen die Ameisen nach Nahrung, z.B. nach Raupen für ihre Larven. Manchmal sind die Beutetiere so schwer, daß sie sie zu mehreren transportieren müssen.

SÜSSES LEBEN

Zu den Beutetieren der Ameisen gehören auch die Blattläuse. Diese sind ihnen jedoch lebendig lieber als tot. Wie fast alle Ameisen fressen nämlich auch die Roten Waldameisen den von den Blattläusen produzierten Honigtau. Die Abgabe des nahrhaften Saftes lösen sie durch „Betrillern" der Läuse mit ihren Antennen aus. Die Ameisen überwachen ihre Blattlaus-Kolonien und schützen sie vor Feinden. Eine Studie in einem Birkenwald hat nachgewiesen, daß die Bäume in der Nähe von Ameisenhaufen gegenüber weiter entfernten Bäumen das Achtzigfache an Blattläusen tragen. Erstaunlicherweise wachsen die mit Blattläusen besetzten Bäume besser als die anderen, wahrscheinlich, weil die Ameisen „ihre" Blattlaus-Kolonien von Raupen und anderen Baumschädlingen freihalten.

Rote Waldameisen haben kräftige Kiefer, die gut zubeißen können. Darüber hinaus verfügen sie über eine Säure, die sie vom Hinterleib aus versprühen können. Die Ameise trifft ihren Feind mit absoluter Zielgenauigkeit, dazu zieht sie den Hinterleib unter ihren Brustkorb. Die Säure wird auf die durch Bisse geschlagenen Wunden gespritzt und ist sehr schmerzhaft. Wird ein Ameisenhaufen zerstört, so kommen die Arbeiterinnen heraus und zielen in alle Richtungen – der scharfe Geruch der Ameisensäure ist dann einige Meter weit im Umkreis des Haufens zu riechen.

Die Königinnen vollführen im Mai mit den Männchen ihren Hochzeitsflug. Die Begattung erfolgt in der Luft oder in den Bäumen, und meist kehrt die Königin danach in ihr Nest zurück. Bei großen Völkern mit mehreren Königinnen gründet manchmal eine mit einer Gruppe Arbeiterinnen in einiger Entfernung eine neue Kolonie.

Meist fliegt eine Königin nach der Begattung in das Nest einer anderen Ameisenart, beispielsweise von *Formica fusca*, und legt dort ihre Eier. Die Arbeiterinnen dieser Sklavenart nehmen sich der Eier und schlüpfenden Larven an, und diese töten dann die Königinnen der Wirtsart. Dadurch formt sich die Kolonie zu einer Kolonie der Roten Waldameise um. Da Rote Waldameisen viele Schadinsekten verzehren, sind sowohl die Insekten als auch ihre Nesthügel geschützt.

Die Waldameise bleibt immer in der Nähe ihres Nestes. Sie sucht im Waldboden nach Nahrung und „melkt" den Honigtau, den zuckerhaltigen Kot, von den Blattläusen.

DIE NATUR BEOBACHTEN

WO FINDET MAN WALDAMEISEN?

- Am besten halten Sie in lichten Nadel- oder Mischwäldern Ausschau nach Ameisenhügeln.
- Von April bis September sind die Waldameisen besonders aktiv. Dann können Sie beobachten, wie sie ihre Nahrung auf eigens von ihnen geschaffenen Pisten transportieren. Manche Ameisen laufen bis zu 100 m, um Beute zu finden.

Das Hügelnest der Roten Waldameise kann bis zu 2 m hoch werden und am Boden einen Durchmesser von 5 m erreichen. Es ist ein ebenso guter Schutz gegen schlechtes Wetter wie gegen Feinde. Oft wird der Nesthügel über einem vermodernden Baumstumpf angelegt.

Weißdorn
mit Früchten

Buchenwald mit Hasenglöckchen

DIE PFLANZEN DES WALDES

Zu jeder Jahreszeit bietet der Wald eine Fülle besonderer Farben und Düfte. Will man all die Blumen und Pilze kennenlernen, muß man genau hinschauen. Sie verraten dann ihre Geheimnisse.

Vom Boden bis in die Kronen

Mit den ersten Blumen erscheinen auch die ersten Schmetterlinge und bevölkern die Lichtungen und Waldwege.

Welch zauberhaften Anblick bieten im Frühlingswald doch die farbenfrohen Teppiche frühblühender Pflanzen. Bis in den späten Herbst hinein präsentiert sich die Natur hier von ihren schönsten Seiten.

Der Frühlingswald ist voller Überraschungen. In manchen ländlichen Gebieten läutet das Hasenglöckchen die Ankunft des Frühlings ein. Ursprünglich ist es in den milden, vom Atlantik beeinflußten Klimazonen Frankreichs beheimatet, wo es mit seinen lichten Farben teilweise große Flächen bedeckt und auch speziell für die Parfumherstellung angebaut wird. Unter warmen und feuchten klimatischen Bedingungen gedeiht es in Niederungen auf den unterschiedlichsten Böden. Das Unterholz alter Eichenbestände oder Gebüschstreifen – etwa mit Hasel – sagen ihm besonders zu. Das kleine Naturwunder dringt jedoch auch nach Deutschland vor und entwickelt beispielsweise in der Gegend um Baal-Hückelhoven in der Eifel inzwischen recht attraktive Bestände. Dort beleben die Hasenglöckchen im zeitigen Frühjahr die Natur, kurz bevor sich das Blätterdach der Bäume und Sträucher entwickelt. Es ist ein Wettlauf mit der Zeit, denn in Kürze dringt nur noch relativ wenig

Ein Teppich von Hasenglöckchen zeigt an, daß der Waldboden seit Jahrhunderten nicht gestört wurde. Die schönsten Hasenglöckchen findet man im dichten Unterholz.

Je nach Lichteinfall sind die Hasenglöckchen blau, in anderem Licht erscheinen sie grau. In der Sonne leuchten sie violett.

Das Männchen des Zitronenfalters erkennt man an seiner schwefelgelben Farbe. Das Weibchen ist eher grünlich.

Die große Zahl der Wühlmäuse, die auf den Lichtungen am Boden zwischen den Frühjahrsblühern hin und her huschen, sind für den Waldkauz eine unersetzliche Nahrungsquelle, wenn andere Beutetiere noch rar sind.

Licht auf den Waldboden. Blüte und Samenproduktion der Frühjahrsblüher müssen dann abgeschlossen sein.

Eine Bedrohung geht für das Hasenglöckchen – und auch für alle anderen Frühjahrsblüher, wie Leberblümchen, Scharbockskraut oder Buschwindröschen – von der zunehmenden Klimaerwärmung aus. Im Gegensatz zu weiterverbreiteten Pflanzen wie dem wilden Kerbel, dessen Entwicklung erst von der Wärme gegen Ende des Frühjahrs ausgelöst wird, vertragen die Frühjahrsblüher die relativ niedrigen Temperaturen des ausklingenden Winters und reagieren in ihrem Wachstum bereits auf die ersten warmen Sonnenstrahlen. Wenn jetzt die Temperaturen im Winter steigen sollten, wäre das für sie ein Problem, denn sie würden von den später erscheinenden Pflanzen, die für ihr Wachstum Wärme, Feuchtigkeit und Licht benötigen, überwuchert. Langfristig würde das zum Verschwinden der Frühjahrsblüher führen.

DER WALD IM FRÜHLING

Wenn der kalte Winter dem milden Frühling weicht, beginnt das Leben im Wald. Die Eichhörnchen klettern und springen in den höchsten Ästen der Baumwipfel, und am Waldboden im welken Laub führen Laufkäfer und Spinnen ihr Leben im verborgenen. Zum besseren

Zu Beginn des Frühlings erscheinen Scharbockskraut und Veilchen auf Lichtungen und an Wegrändern. Diese ersten Farbtupfer werden von den meisten Spaziergängern mit Freude begrüßt.

Speisemorcheln tauchen immer einzeln auf. Besonders zwischen März und Mai findet man sie auf feuchten Böden. Ihr auffälliger Hut ist durch Rippen wabenartig gegliedert. Morcheln sind ausgezeichnete Speisepilze und beliebt als Zutat zu Ragouts und Suppen.

Die Buschwindröschen gehören zu den frühblühenden Wildblumen, die man in alten Waldbeständen antrifft.

Verständnis des Ökosystems Wald hat man den Wald in mehrere Ebenen eingeteilt. Jede dieser Ebenen wird von unterschiedlichen Pflanzen beherrscht, die eine eigene Fauna beherbergen.

Oben in der Kronenschicht breiten die großen, den Wald dominierenden Bäume das Gewirr ihrer Zweige aus: Eichen, Hainbuchen und Buchen. Hier nisten die Vögel, die sich von Schmetterlingen, Raupen, Fliegen, Laufkäfern und Gallwespen ernähren, die auf den jungen Blättern der Bäume leben. Wenn man ganz still ist, kann man mit etwas Glück vielleicht das rhythmische Trommeln des Buntspechts hören. Mit kräftigen Schnabelhieben schlägt er auf die Baumrinde ein, lockt damit im Frühjahr eine Partnerin an und markiert so sein Revier. Wie die Spechte ernähren sich auch die Baumläufer von Insekten, die sie aus der Rinde herausbohren, während die Grasmücken und Meisen blätterfressende und nektarsaugende Insekten jagen.

Alte Baumstämme sind oft mit Flechten, Moosen, Pilzen und kleinen Farnen bewachsen. Diese Gewächse schaden den Bäumen nicht, sie beherbergen aber eine Vielzahl kleiner Organismen. Die Moose brauchen die Feuchtigkeit, die sich unten am Stamm ansammelt, weiter oben bilden sich Flechten. Auf den großen Ästen lebender oder toter Bäume gedeihen ledrige Pilze.
Im Schutz der Baumkronen wachsen die jungen Bäume heran, zum Beispiel Ahorne, Birken, Weißdorn und hohe Haselnußsträucher. Eine weitere Ebene im Wald stellt die Strauchschicht mit Heckenrosen, Brombeersträuchern und anderem Gebüsch dar. Diese Ebene ist meist erfüllt vom Gesang der Vögel, die hier nisten, unter ihnen ein begnadeter Sänger, das Rotkehlchen. Diesen kleinen Vogel bekommt man wegen seines bräunlichen Rückengefieders kaum zu Gesicht, aber er verrät seine Gegenwart durch seinen wunderschönen Gesang, der aus den Büschen erklingt. Manchmal sieht man einen Siebenschläfer oder seinen Vetter, die Haselmaus. Das zierliche Kugelnest der Haselmaus besteht aus Gras und Laub und ist tief im Dickicht versteckt.

FARBEN UND GERÜCHE

In der unteren Etage, der Krautschicht, wächst eine Vielzahl bemerkenswerter Wildblumen. Zu den frühblühenden Arten gehören etwa das Buschwindröschen und das Scharbockskraut, die ihre Samen bereits produzieren, bevor sie vom Grün anderer Pflanzen beschattet werden. Die Flora des Unterholzes überlebt dank einer bestimmten Strategie: Die Nährstoffe werden bis zum nächsten Frühjahr in den unterirdischen Zwiebeln und Knollen eingelagert.

Überall in Wäldern und Gebüsch, in Senken und an Hecken sprießen die gelben Schlüsselblumen und einzelne Gruppen vom Bingelkraut. Hierbei handelt es sich um sehr alte Waldpflanzen, die selbst im Schatten noch den kleinsten Sonnenstrahl nutzen können und daher an dunklen Standorten überleben. Wenn Sie leise sind, hören Sie vielleicht das leichte Rascheln eines kleinen Tieres – vermutlich eine Rötelmaus, die über den Boden huscht. Sind Sie in der Dämmerung in offenerem Gebiet unterwegs, kann es auch sein, daß die Geräusche von der Waldmaus herrühren, die auf Nahrungssuche ist. Späte Frühlingsblumen bieten nicht nur den kleinen Säugetieren Schutz, sie sind auch ein Paradies für Waldschmetterlinge wie den Kaisermantel. Hier finden sie ausreichend Nahrung und bestäuben dabei auch die Blüten.

IN DER MOOSSCHICHT

Auf dem Waldboden erstreckt sich ein grüner Teppich von winzigen Moosen zusammen mit Fallaub und Ästen der Vorsaison.

Die Waldschnepfe imitiert mit ihrem Gefieder perfekt die Farben und die Textur dieses sich zersetzenden Materials. Auch der Waldlaubsänger, der erst bei uns ankommt, wenn es schon grünt, hat hier auf dem

◄ Die Dachse graben gegen Ende des Herbstes und während des Winters verschiedene Pflanzenzwiebeln, Wurzeln und Würmer aus, um damit ihre Nahrung zu ergänzen.

▲ Im Sommer gehen die Bartfledermäuse in der Dämmerung auf die Jagd nach Insekten. Ihre Technik der Echopeilung, mit der sie Beutetiere orten, ist so effektiv, daß sie bis zu zehn Falter pro Minute fangen!

Der Sperber ist ein außerordentlich gewandter Jäger. In Wäldern, auch in Parks und Anlagen, jagt er Kleinvögel. Im Mai legt das Weibchen 4–6 weiße, stark gefleckte Eier in einen großen Horst aus Reisig im Geäst eines Baums.

Boden sein Nest gebaut. Beide Vögel suchen den Waldboden nach Wirbellosen ab. Drehen Sie einmal einen toten Ast um, und Sie werden große Mengen Wirbellose entdecken, die sich hier vor dem Licht und den Vögeln verstecken. Viele Wirbellose leben im oder in der Nähe von totem oder sich zersetzendem Holz. Ebenso die Frühlingspilze, wie beispielsweise die Morchel, deren Hut sich in vielfältigen Formen und Größen präsentiert. Zusammen mit den Armeen von Asseln und Tausendfüßern spielen die Pilze eine bedeutende Rolle in der Zerkleinerung und Zersetzung organischen Materials auf dem Waldboden. Sie führen auf diese Weise die Nährstoffe wieder in den Kreislauf der Natur zurück und machen sie nutzbar für die Organismen.

Alte Waldbestände mit einer manchmal über hundert Jahre alten, ungestörten Vegetation haben eine viel reichere Flora als neu angelegte Wälder. Hier findet man noch in großer Zahl die für alte Wälder charakteristischen Pflanzen, wie Buschwindröschen und Bingelkraut. Die genannten Arten sind natürlich auch in jüngeren Wäldern und teilweise auch anderswo zu finden. Wichtig ist vor allem, daß sie ein feuchtes Milieu brauchen. Werden in größerem Umfang Bäume gefällt, so trifft im Sommer das Sonnenlicht direkt auf den ungeschützten Waldboden und trocknet ihn aus. Hier können die Frühblüher nicht überleben. Sie brauchen im Frühjahr reichlich Licht, im Sommer aber ein schützendes Blätterdach.

Helfende Hände

Das traditionelle Auslichten tut der Flora und Fauna des Waldes gut. Ab dem Spätfrühling sind die sonnendurchfluteten Lichtungen mit vielen Blumen bedeckt und von Schmetterlingen besucht. Der purpurfarbene Fingerhut, die Schlüsselblumen und die Narzissen blühen dort, wo man ihnen Raum geschaffen hat, und präsentieren eine Vielfalt an Farben und Düften. Daher gibt es in den Wäldern auch wesentlich mehr Schmetterlinge als in jedem anderen Lebensraum. Auch Spitzmäuse und verschiedene Wühlmausarten finden hier ihr Zuhause, und wenn die Zweige und Ranken im Laufe von 2–3 Jahren wieder dichter werden, vermehren sich die Raupen. Haselmaus, Siebenschläfer und Waldmaus leben hier wenigstens sechs Jahre lang im Schutz der dichten Blätter. Und nur auf alten Lichtungen pflanzen sich einige seltene Fliegenarten fort.

Es wäre somit wichtig, daß die Forstwirtschaft den natürlichen Prozessen mehr Raum gibt bzw. sich natürliche Prozesse als Vorbild nimmt, um den Artenreichtum in Flora und Fauna des Waldes zu erhalten.

Lebensraum in Etagen

Der Laubwald wird in verschiedene Stockwerke gegliedert. Wo der Mensch in seinen Kreislauf eingreift, sind diese Ebenen stark voneinander abgegrenzt.

Die Kronenschicht besteht aus den Kronen großer, ausgewachsener Bäume wie Eichen oder Buchen. Sie bietet einer Vielzahl von Insekten Schutz. Auch viele Vögel und Eichhörnchen haben hier Quartier bezogen.

In der Strauchschicht wachsen Haselnuß- und andere Sträucher im Schatten der großen Bäume. In forstwirtschaftlich genutzten Wäldern wird die Strauchschicht regelmäßig ausgeschnitten, damit sie sich mit jungen Trieben regenerieren kann. Dieses System der Verjüngung wirkt sich positiv auf die Vogel- und Insektenbestände aus.

In der Krautschicht wachsen typische Frühjahrsblüher und Pilze, die im Herbst verschwinden. Viele Vögel und kleine Säugetiere finden hier das ganze Jahr über Nahrung.

Die Zwiebeln der Frühjahrsblumen im Waldboden haben genügend Nährstoffe gespeichert, um im kommenden Frühjahr wieder austreiben zu können.

Die Farne

Vor etwa 300 000 Jahren war ganz Europa mit imposanten Farnwäldern überzogen. Die heutigen Farne sind also die Reste einer uralten Pflanzengruppe. Sie bevorzugen feuchte und schattige Gebiete und meiden bis auf wenige Ausnahmen die Nähe menschlicher Siedlungen.

Farne gehören einer sehr alten Pflanzenklasse an, die während des Karbonzeitalters – also vor etwa 286–360 Millionen Jahren – die Flora beherrschte. Ein großer Teil der Kohle, die heute noch gefördert wird, ist aus Baumfarnen entstanden.

Schon vor der Epoche der Dinosaurier und etwa 150 Millionen Jahre vor dem Erscheinen der Blütenpflanzen bildeten die Baumfarne riesige Wälder. Viele der ersten Blütenpflanzen dieser Zeit sind schon lange wieder verschwunden, die Farne jedoch haben überlebt. Ihre Formenvielfalt ist außergewöhnlich groß. Sie reicht von den gigantischen, bis 10 m hohen Baumfarnen, die heute noch in den Tropen und Subtropen gedeihen, bis zu winzigen, auf Felsen wachsenden Arten, die nicht größer werden als Moos. Unser größter heimischer Farn, der Adlerfarn, wird bis zu 2 m groß.

Leben im feuchten Milieu

Es gibt etwa 11 000 Farnarten, die meist in feuchten und warmen Regionen wachsen. Bei uns trifft man Farne in feuchten Wäldern, oft findet man sie auch in Felsspalten, in denen sich Wasser gesammelt hat. Aufgrund ihres Lebenszyklus, der seit Millionen von Jahren unverändert ist, brauchen Farne viel Feuchtigkeit.

▲ Farne fühlen sich besonders an Wasserläufen in schattigen Wäldern wohl, wo ausreichende Luftfeuchtigkeit ihren Fortbestand sichert.

▶ Die sporentragenden Wedel des bei uns sehr seltenen Königsfarns färben sich zwischen Juni und August, wenn die Sporen reifen, braunrot.

Das Interessante am Fortpflanzungszyklus der Farne ist der auffällige Generationswechsel mit zwei voneinander völlig unabhängigen „Pflanzen". Sie beide sorgen dafür, daß ein neuer Farn entsteht. Auf der Unterseite der Wedel der Farnpflanze, wie die Blätter genannt werden, sitzen kleine braune Auswüchse, die sogenannten Fruchthäuschen

◀ **Beim Adlerfarn, der zu den dreifach gefiederten Farnen zählt, befinden sich die Sporenkapseln aufgereiht am umgeschlagenen Rand der Fiederblättchen.**

▼ **Der im Uferschlamm nährstoffarmer Seen wachsende Pillenfarn kann mit den dünnen Wedeln mit Binsen**

oder Sori. Sie geben die samenähnlichen Sporen frei, die dann vom Wind verdriftet werden. Aus einer solchen Spore entsteht jedoch nicht eine neue Farnpflanze, sondern ein winziger Vorkeim, das Prothallium. Auf diesem herz- oder nierenförmigen Blättchen mit nur kurzer Lebensdauer gibt es weibliche und männliche Organe. Nach einer gewissen Reifezeit entstehen spermienähnliche, begeißelte Spermatozoiden. Die Geschlechtsorgane sind gereift, und eine vom weiblichen Teil ausgeschiedene chemische Substanz zieht die Spermatozoiden an. Sie schwimmen nun in einem Film von Wasser auf die Eizelle zu. Diese Phase der Entwicklung erklärt, warum sich Farne ohne Feuchtigkeit nicht vermehren können. Wenn die Eizelle befruchtet ist, teilt sie sich, und eine Farnpflanze beginnt zu wachsen. Das Prothallium stirbt ab. Nun entwickelt sich die Pflanze relativ schnell und trägt wiederum auf der Wedelunterseite Sporen – der Zyklus beginnt erneut.

Bei einigen Farnen bilden sich auch verschiedengeschlechtliche Prothallien aus. Sie entstehen aus unterschiedlichen Sporen. Weibliche Prothallien sind meist groß, sie wachsen aus dem nährstoffreicheren Sporentyp, männliche sind klein.

FARNE UNTERSCHEIDEN

Farne lassen sich am einfachsten identifizieren, wenn man die Unterteilung (Gliederung) ihrer Wedel zu Hilfe nimmt. Auf den nächsten Seiten werden die unterschiedlichen Formen der Fiederung bei Farnen vorgestellt. Bei manchen Farnarten können aus einem Stock verschieden geformte Wedel hervorwachsen, nämlich die Blattwedel und sogenannte fertile Wedel, die nur der Fortpflanzung dienen.

Bei uns gibt es hauptsächlich einfach, doppelt und dreifach gefiederte Farne, außerdem noch eine Gruppe, deren Blätter überhaupt nicht gefiedert sind, wie die Natternzunge oder die Hirschzunge. Deren Fiedern sind über die gesamte Länge ungeteilt.

Schauen Sie sich also die Wedel ganz genau an, und zählen Sie nach, wie oft sie unterteilt sind. Der Wedel eines doppelt gefiederten Farns wie beispielsweise des Königsfarns hat einen Hauptstiel, an dem rechts und links kleinere Seitenstiele abzweigen, an denen die Fiederblättchen sitzen. An der Unterseite der Fiedern befinden sich die Sporen.

Ein Beispiel für einen doppelt bis dreifach gefiederten Farn stellt der bereits erwähnte Adlerfarn dar. Hier sind die Fiederblättchen ihrerseits noch einmal gefiedert. Achten Sie auch darauf, ob Sie Farnarten finden, deren Wedel sich unterscheiden. Die sporentragenden fertilen Wedel sitzen meist im Zentrum der Pflanze, während die sterilen Wedel außen ansetzen, so auch beim Königsfarn. Meist aber sind die Wedel vom selben Typ und damit sowohl für die Fotosynthese als auch für die Fortpflanzung zuständig.

◀ **Junge Farnwedel sind an der Spitze eingerollt und oft mit derben Schuppen besetzt, wie hier beim Frauenfarn. Sie entrollen sich, wenn die Stiele ausreichend Wasser saugen können.**

▶ **Das winzige Prothallium, das aus der Spore eines Farns wächst, kann einer Alge ähneln. Selbst in reifem Zustand hat es nur einen Durchmesser von wenigen Zentimetern.**

EINFACH GEFIEDERT

Die erste hier vorgestellte Gruppe repräsentiert die einfach gefiederten Farne, also die Farne, bei denen die Fiederblätter direkt am Hauptstiel ansetzen.

Der Berglappenfarn ist ein robuster Farn, der in Rosetten wächst. Wenn man seine Blätter zerquetscht, verströmen sie einen zitronenartigen Duft. Man findet ihn hauptsächlich in schattigen Wäldern im Gebirge.

Berglappenfarn
Thelypteris limbosperma

DOPPELT GEFIEDERT

Die zweite Gruppe umfaßt die doppelt gefiederten Farne. Hier zweigen vom Hauptstiel Seitenstiele ab, an denen die Fiederblätter sitzen.

Der bis 1 m hohe Frauenfarn mit seinen fahlgrünen Wedeln gehört zu den attraktivsten großen Farnen. In bewaldeten und ausreichend feuchten Gegenden ist er weitverbreitet und häufig.

Waldfrauenfarn
Athyrium filix-femina

DREIFACH GEFIEDERT

Die dritte Gruppe sind die dreifach gefiederten Farne. Es gibt keinen Hauptast. An drei Ästen sitzen wieder Seitenäste, die gefiedert sind.

Adlerfarn
Pteridium aquilinum

Der Adlerfarn gehört zu den bekanntesten Farnen. Die bis zu 2 m hohen Wedel können große Bestände bilden. Der Adlerfarn bevorzugt bergige Regionen. Im Winter werden seine Blätter kupferbraun.

UNGEFIEDERT

Zur vierten Gruppe der Farne gehören die ungefiederten Farne. Ihre Wedel haben unterschiedliche Formen von flachem Oval bis hin zur Lanzettform.

Natternzunge
Ophioglossum vulgatum

An ihrem einzigen länglichen Blatt ist die von Mai bis November wachsende Natternzunge gut zu erkennen. Sie bevorzugt feuchte, magere Wiesen, ist aber recht selten.

Gefiederte Farne

KENNKARTE

● SUMPFLAPPENFARN
Thelypteris palustris
Farne bevorzugen zwar feuchte Böden, meiden aber stauende Nässe. Ausnahme ist der Sumpflappenfarn, der nur auf nassem Boden gedeiht.
Höhe: 80–100 cm, manchmal bis zu 150 cm hoch
Wedel: Die sterilen Wedel erreichen eine Länge von 15–60 cm und erscheinen nur zwischen Mai und Juni. Die fertilen Wedel ähneln den sterilen Wedeln. Ihr Rand ist zum Schutz der Sori eingerollt.
Sori: Sie sitzen auf den Fiederchen zu beiden Seiten der Mittelrippe der fruchtbaren Wedel und erscheinen zwischen Juli und August.
Lebensraum und Verbreitung: Sumpfiges und morastiges Gelände mit sehr viel Feuchtigkeit

● RIPPENFARN
Blechnum spicant
Höhe: 10–50 cm, selten bis zu 70 cm
Wedel: Wachstum in Rosetten. Die sterilen Wedel sind einfach gefiedert und liegen meist flach am Boden oder stehen schräg aufsteigend. Sie sind auch im Winter grün. Die fertilen Wedel befinden sich im Zentrum der Rosette, sie sind länger als die sterilen Wedel und stehen aufrecht. Sie welken im Winter.
Sori: Auf der Unterseite der fertilen Wedel zwei linear angeordnete Sori auf beiden Seiten der rippenartigen Fiedern. Sie erscheinen zwischen August und November.
Lebensraum und Verbreitung: Weitverbreitet in bewaldeten Gegenden und auf Heideland, auf Felsen und auf sauren Bergwiesen. Häufige Art.

Sumpflappenfarn
Thelypteris palustris

◄ An den Rändern feuchter Gräben wächst oft der Rippenfarn. Seine Blätter sind gelblichgrün, und die äußeren Blätter liegen flach am Boden, während die inneren fertilen Wedel gerade nach oben wachsen.

Rippenfarn
Blechnum spicant

◄ Der Sumpflappenfarn besiedelt sumpfiges und morastiges Gelände entlang von Bächen und in Bruchwäldern. Die Blätter stehen nicht in Rosetten.

Rotkappen im Moospolster

Waldpilze

Unsere Wälder gehören zu den Ökosystemen, die besonders reich an Pilzen sind. Wenn Sie in einen Wald oder Park gehen, werden Sie sicherlich bei aufmerksamem Betrachten einige der hier vorgestellten Pilze finden.

Die Welt der Waldpilze ist dunkel und voller Geheimnisse. Dunkel im wahrsten Sinne, denn viele Pilze erscheinen erst, wenn die Tage kürzer werden und bereits die ersten Blätter von den Bäumen fallen. Dunkel auch, weil die eigentlichen Pilzpflanzen ein seltsam anmutendes unterirdisches Leben führen – ihr Lebenszyklus ist einzigartig. Die grünen, Chlorophyll enthaltenden Pflanzen – Blumen, Kräuter, Moose und Bäume – stellen mit Hilfe des Sonnenlichts aus dem Kohlendioxid der Luft und aus Wasser energiereiche Nahrung, z. B. Kohlenhydrate, her. Diesen Prozeß nennt man Fotosynthese. Pilze enthalten kein Chlorophyll und müssen ihren Nährstoffbedarf auf andere Weise decken.

Was wir als Pilz bezeichnen, ist lediglich der oberirdische Fruchtkörper des eigentlichen Pilzes. Dieser wächst ohne Blätter und ohne Wurzeln unter der Erde, zwischen den Wurzeln der Bäume oder in vermoderndem Holz. Er besteht aus einzelnen Pilzfäden, die man auch als Hyphen bezeichnet. Die Gesamtheit der unterirdischen, weißlichen Hyphen heißt Pilzgeflecht oder Myzel. Sie sehen einen Teil davon am „Pilz" hängen, wenn Sie ihn nicht fachgerecht aus dem Boden nehmen. Pilze zersetzen totes organisches Material, wie abgefallene Blätter, Früchte, Holz und Aas. Sie führen so die Nährstoffe wieder in den Kreislauf der Natur zurück. Modern ausgedrückt sind sie zuständig für das Recycling.

Arterhaltung durch Vermehrung

Alle Pilze – ob die bekannten Hutpilze, Baumpilze, wie die Porlinge, ob Boviste oder andere seltsam geformte Pilze, wie die sternförmig aufplatzenden Erdsterne – haben, wenn an einem schönen warmen Herbsttag ihr Fruchtkörper erscheint, nur ein Ziel: reifen und die Sporen verteilen, die für die nächste Generation sorgen. Nach einem oder zwei Tagen sind die meisten Pilze von Schnecken, Maden oder Menschen verzehrt worden oder sie zersetzen sich und werden Teil der Humusschicht. Sie haben ihre Mission erfüllt.

Die Sporen sind viel zu klein, als daß man sie einzeln erkennen könnte. Aber der Rückstand, den Sie auf Ihren Fingern sehen können, nachdem Sie die Lamellen eines reifen Pilzes angefaßt haben, oder der „Staub", der einem Eierbovist entströmt, das sind Sporen.

Vielfalt an Formen und Grössen

Waldpilze gibt es in den unterschiedlichsten Formen. Die meisten haben einen Hut oder Schirm, andere ähneln einem Trichter, sehen wie Trompeten, wie Ohren oder Korallen aus, oder erinnern an Blumenkohl, kleine Steine oder einen Mini-Igel.

Diese überraschenden Formen sind keineswegs nur eine Laune der Natur, es handelt sich auch nicht um Auswüchse der Erde, wie man in der Antike glaubte: Jede Form ist durch Anpassung ganz speziell dafür entstanden, auf die effektivste Art und Weise ein Maximum an Sporen zu verteilen. Die bekannte Hutform ist dabei am weitesten verbreitet, denn die Sporen lösen sich bei ihr durch die kleinsten Bodenerschütterungen, die Berührung eines Insekts oder den zartesten Windhauch. Bei den knollenförmigen Pilzen wie den Bovisten und Stäublingen ist schon Druck erforderlich, damit ihre Sporen durch eine kleine Öffnung auf der Oberseite des Fruchtkörpers in die Luft fliegen. Einige Arten haben winzig kleine „Pistolen", die jede Spore einzeln herauskatapultieren. Bei den Tintlingen zerfließen die Lamellen gegen Ende der Reifezeit und setzen dadurch die Sporen frei. Und die Sporen der Porlinge, die an Baumstämmen wachsen, fallen durch ein regelrechtes Sieb aus Poren heraus. Jeder Pilzfruchtkörper ist also eine Art Produktionsbetrieb von Sporen, die innerhalb der wenigen Stunden, in denen sie fortpflanzungsfähig sind, ausgestoßen werden.

Unsere Wälder sind die Biotope, die die größte Pilzvielfalt erlauben. Die kühle und feuchte Luft begünstigt das Wachstum der Pilze, und die abgefallenen Blätter liefern die organischen Stoffe, die die meisten von ihnen für ihre Entwicklung brauchen. Hier findet man die größte Vielfalt von Kleinstlebensräumen mit einem sehr speziellen Milieu auf engstem Raum. Fast alle Pilze bevorzugen totes Holz. Etwa ein Drittel der Waldpilze wächst nur auf oder in totem Holz – hohle oder vermodernde Bäume, halb im Boden liegende abgebrochene Äste und Zweige. Entfernt man das tote Holz, wie es in wirtschaftlich genutzten Wäldern oft der Fall ist, wird ein Teil der Welt der Pilze vernichtet.

Gegen Ende der Reifezeit bildet sich auf dem Hut der Stinkmorchel eine zähe Flüssigkeit, in der sich die Sporen befinden. Ein kräftiger Aasgeruch lockt Fliegen an, die die Pilzsporen an andere Orte verbreiten.

Geben und Nehmen

Manche Pilze leben in Symbiose mit bestimmten Bäumen. Das Pilzmyzel bildet mit den feinen Wurzeln der Bäume ein feines Geflecht, dann findet ein Austausch lebensnot-

GEFÄHRLICH

Es kann durchaus gefährlich werden, wenn man Pilze ißt, die man in der freien Natur gesammelt hat. Viele eßbare Pilze haben giftige Doppelgänger. Essen Sie niemals Pilze, die Sie nicht hundertprozentig identifizieren können. Manche Pilze führen auch zu leichten oder gar schweren Magen- und Darmverstimmungen, wenn man sie zusammen mit Alkohol zu sich nimmt.

wendiger Stoffe statt. Dabei erhalten die Pilze vor allem Nährstoffe wie Kohlenhydrate, die Bäume im Gegenzug Wasser und Mineralsalze. Der Steinpilz, der Pfifferling und auch der Fliegenpilz gehen beispielsweise solche Lebensgemeinschaften ein.

Viele Pilze gehen mit verschiedenen Baumarten eine Partnerschaft ein, andere wieder bevorzugen eine einzige Art, etwa Buchen, Birken, Kiefern oder Fichten. Kastanien und Lärchen sind nur für wenige Pilzarten interessant. Manche Pilze brauchen ganz bestimmte Bedingungen. So erscheinen einige nur auf ehemaligen Brandflächen, andere auf feuchtem Holzmulm, wieder andere in erdgefüllten Spalten mit Torfmoosen.

Bevorzugte Standorte sind moosbewachsene Hänge am Waldrand, ansonsten überall dort, wo tote und vermodernde Blätter und Nadeln den Boden bedecken. Ein gesunder Wald kann Hunderte von Pilzarten ernähren. Die meisten von ihnen sind nur dem Fachmann bekannt. Doch wer Pilze sammeln möchte, sollte sich mit den wichtigsten Waldpilzen vertraut machen.

MERKMALE BEACHTEN

Es ist nicht besonders schwierig, die großen Waldpilze zu identifizieren, wenn man nach bestimmten Eigenschaften sucht. Einige ändern während

HALLIMASCH *Armillaria mellea*

Größe: Hut 8–9 cm Durchmesser; Stiel 10–15 cm hoch
Merkmale: Oft honigfarben, aber verschiedene Nuancen; geschuppter Hut, gelbliche Lamellen; Stiel in derselben Farbe wie der Hut und mit hellem Ring; wächst in größeren, dichten Büscheln
Lebensraum: Parasit an lebenden Bäumen; wächst auch an Baumstümpfen oder halb in der Erde liegenden Knüppelholzstapeln; bevorzugt Waldregionen
Erscheinungszeitraum: Hauptsächlich zwischen September und November
Eßbarkeit: Nur junge Exemplare eßbar, roh giftig, kann auch gekocht unverträglich sein
Hinweis: Sollte vorsichtshalber gemieden werden

Der Hallimasch ist bei Waldbesitzern äußerst unbeliebt, da er als Parasit an jungen Nadelbäumen schwerwiegende Schäden verursachen kann. Er schafft jedoch eine Nische für die Tiere, die vom absterbenden Holz leben.

PFIFFERLING *Cantharellus cibarius*

Größe: Hut 2–10 cm Durchmesser; Stiel 2–10 cm hoch
Merkmale: Dottergelber bis orangegelber Pilz in Trichterform; Leisten statt Lamellen; angenehmer Duft des Fleisches nach getrockneten Aprikosen
Lebensraum: Oft gruppenweise in Laub- und Nadelwald auf sandigen oder kalkhaltigen Böden, hauptsächlich unter Kiefern oder Fichten
Erscheinungszeitraum: Sommer bis Herbst, hauptsächlich von August bis November
Eßbarkeit: Hervorragender Speisepilz, aber schwerverdaulich; hat roh leicht pfeffrigen Geschmack; langsam kochen
Hinweis: Es gibt mehrere ähnliche gelbe und orangefarbene giftige Pilze, die aber daran zu erkennen sind, daß sie Lamellen und keine Leisten haben.

Trotz seiner leuchtenden Farbe bleibt der Pfifferling häufig unentdeckt, denn er wächst an schattigen Orten, teils versteckt unter Blaubeeren, teils unter abgefallenen Blättern oder in der Nadelstreu im Wald.

TOTENTROMPETE *Craterellus cornucopioides*

Größe: Hut 3–8 cm Durchmesser; Stiel 5–12 cm hoch
Merkmale: Schwärzlich braun, trompetenförmig; Stiel bis an die Basis hohl, oft mit weißem bis grauem Staub, den Sporen, bedeckt; keine Lamellen, sondern erst glatt, später längsrunzelig
Lebensraum: In Laub- und Mischwäldern zwischen Moosen und Fallaub, an Hängen mit tonhaltiger Erde; manchmal in dichten Gruppen; liebt feuchte Böden; schwer zu entdecken
Erscheinungszeitraum: Vom Ende des Sommers bis in den Herbst hinein
Eßbarkeit: Guter Speisepilz; im Geschmack ähnlich wie Pfifferling; trocken, wird zu Fisch gereicht
Hinweis: Nur junge Fruchtkörper sind genießbar. Das Fleisch kann aber zäh sein.

Die Totentrompete hat einen feinen Geschmack. Getrocknet und gemahlen ist sie ein delikates Gewürz.

KRAUSE GLUCKE *Sparassis crispa*

Größe: Sehr unterschiedlich, kann bis zu 30 cm groß werden
Merkmale: An ihrer Größe und ihrem Bau einfach zu erkennen; viele gelbliche, fleischig abgeplattete Lappen; wächst am Grund älterer Kiefernstämme
Lebensraum: Unter Kiefern, in Wäldern und bewaldeten Parks; oft von der Vegetation verdeckt
Erscheinungszeitraum: Ende des Sommers bis Herbst
Eßbarkeit: Knusprig und mit leichtem Nußgeschmack; in Milch kochen, junge Pilze am besten braten
Hinweis: Der sehr kurze Stiel sitzt tief in der Erde und ist stark verzweigt. Man muß den Pilz sorgfältig waschen.

Aufgrund der komplexen Form sammeln sich zwischen den wirr verschlungenen Verzweigungen des kugeligen Pilzes Borkenstücke, Nadeln und Erde.

HALSKRAUSEN-ERDSTERN *Geastrum triplex*

Größe: 4–12 cm Durchmesser
Merkmale: Fruchtkörper weißlich grau bis gelblich; anfangs geschlossen, dann sternförmig geöffnet mit 5–8 Lappen, die wie eine Halskrause angeordnet den Sporensack umgeben; relativ selten, von den Erdsternen aber noch der häufigste
Lebensraum: Auf Böschungen in Hecken, Wäldern und Dickicht in dichter Laubstreu; liebt Schatten und Feuchtigkeit
Erscheinungszeitraum: Herbst, manchmal auch Frühjahr; kann mehrere Monate bestehen
Eßbarkeit: Ohne kulinarischen Wert

Starke Regengüsse oder eine mechanische Berührung des Sporensacks „drücken" die Sporen aus seiner oberen Öffnung. Sie werden vom Wind verweht.

des Wachstums ihre Form, manchmal auch ihre Farbe. Gewisse Merkmale, wie die Färbung der Sporen und das Vorhandensein einer Manschette oder eines Ringes, sind zu beachten.

Zuerst betrachten Sie den Hut, seine Färbung, seine Form und seine Oberfläche. Er kann glatt und trocken sein, schuppig oder körnig, feucht und zähflüssig klebrig. Der Stiel bietet weitere Hinweise für die Bestimmung: Besitzt er eine Manschette oder am Fuß eine Scheide; verjüngt er sich nach oben; ist er hohl oder kompakt; verändert sich die Farbe des Fleisches an einer Bruch- oder Druckstelle?

Schauen Sie sich auch die Lamellen und die Sporen unter dem Hut ganz genau an. Bei den Lamellen gibt es ganz unterschiedliche Typen: Manche sind dick und wächsern, manche schmal und gewölbt, andere von unterschiedlicher Länge. Beachten Sie auch die Farbe, die die Sporen an Ihren Händen oder auf dem Papier hinterlassen, in das Sie die Pilze vielleicht für einige Stunden eingewikkelt hatten. Je nach Art sind die Sporen weiß, cremefarben, rosa, braun, schwarz oder manchmal sogar grün. Anhand der Sporenfärbung lassen sich die Pilze oft sehr gut bestimmen.

Will man eine solche Pflanze identifizieren, die weder Blätter noch Blüten hat, muß man auf den kleinsten Hinweis achten.

PILZE BESTIMMEN

Es kommt natürlich vor, daß die Bestimmung wirklich schwierig ist: Viele Pilze ähneln sich sehr, und mit absoluter Sicherheit kann man sie nur identifizieren, wenn man ihre Sporen unter dem Mikroskop betrachtet. Andere Pilze dagegen, wie beispielsweise die Hutpilze, sind nicht schwieriger zu identifizieren als die meisten Blumen.

Versuchen Sie gar nicht erst, jeden Pilz zu bestimmen, den Sie sehen. Konzentrieren Sie sich lieber auf die großen Exemplare oder auf diejenigen mit den einfachsten Merkmalen. Benutzen Sie dazu ein Pilzbestimmungsbuch oder – noch besser – machen Sie eine Pilzführung mit, wie sie meist von den Naturschutzorganisationen oder den Volkshochschulen angeboten wird. Viele Menschen sind von Pilzen fasziniert, weil sie reizvolle Motive für Malerei oder Fotografie abgeben und weil man sie essen kann.

Wer sich für Pilze interessiert, betritt eine seltsame Welt aus Schatten, diffusen Farben und Düften – manchmal riecht es nach Anis, manchmal nach Rasierschaum. Immer wieder entdeckt man eine neue Besonderheit, eine Form, die einem noch nicht begegnet ist.

Pilze verlängern auch die Saison der Naturbeobachtung, denn viele von ihnen erscheinen erst dann, wenn die letzten späten Blumen verwelkt sind und die Zugvögel, die bei uns den Sommer verbracht haben, schon auf ihrem Weg in Richtung Süden sind.

SOLL MAN PILZE SAMMELN?

Unter Pilzliebhabern und Naturschützern wird immer wieder diskutiert, wie man die Pilze am besten schützen kann. Die einen versichern, das Sammeln der oberirdischen Fruchtkörper sei genauso, als ob man eine Frucht vom Baum pflückt. Andere behaupten sogar, auf diese Weise würde das Myzel, das unterirdische Pilzgeflecht, zu Wachstum angeregt. Es ist jedoch erwiesen, daß das Herausnehmen der Pilze aus dem Boden – ob man sie nun abbricht, herausdreht oder abschneidet – bei bestimmten Arten das Myzel schädigt. Außerdem werden seltene Pilze, die ihre Sporen noch nicht ausgeschüttet haben, an der Verbreitung gehindert. Legen Sie die geernteten Pilze bitte in einen Korb oder in eine Stofftasche und verwerten Sie sie so schnell wie möglich. Bitte nie in einer Plastiktüte aufbewahren, dort beginnen die Pilze zu schwitzen und verderben leicht. Grundsätzlich gilt: Decken Sie beim Sammeln nur Ihren persönlichen Bedarf, lassen Sie alle anderen Pilze stehen.

Erdsterne sind ziemlich selten. Die Sporen sitzen im Inneren der Knolle und werden beim Aufprall von Regentropfen freigegeben.

FLIEGENPILZ *Amanita muscaria*

Größe: Hut 6–15 cm Durchmesser; Stiel 8–20 cm hoch
Merkmale: Roter Hut mit weißen Punkten; ältere Exemplare geschuppt; beringter Stiel, knollige Stielbasis
Lebensraum: Unter Buchen, im Gras und zwischen Farnen, seltener unter Kiefern und Fichten
Erscheinungszeitraum: Ende des Sommers bis in den Herbst hinein
Hinweis: Enthält Muscarin, ein Gift, das Brechreiz, Durchfall und Halluzinationen verursacht. Früher legte man ein Pilzstück in gezuckerter Milch ein und fing damit Fliegen. Sehr giftig!

Den giftigen Fliegenpilze trifft man oft in großen Kolonien an. Die weißen Hüllreste auf dem Hut können nach einem starken Regenguß verschwinden.

GRÜNER KNOLLENBLÄTTERPILZ *Amanita phalloides*

Größe: Hut 5–12 cm Durchmesser; Stiel 8–15 cm hoch
Merkmale: Grüner bis olivfarbener Hut, weiße Lamellen; Stiel mit gezackter Manschette, am unteren Ende knollenförmig in einer dicken Scheide; Knolle zur Hälfte im Boden
Lebensraum: Im Wald, meist unter Eichen und Buchen
Erscheinungszeitraum: Sommerende bis Herbst
Hinweis: Tödlich giftig. Unter keinen Umständen berühren!

Gefährlichster Pilz Europas!

Pilzsammler sollten sich das Aussehen des Knollenblätterpilzes genau einprägen. Vom Wiesenchampignon unterscheiden ihn eindeutig die weißen Lamellen. Ähnliche Pilze sollten nicht angerührt werden.

PERLPILZ *Amanita rubescens*

Größe: Hut 6–15 cm Durchmesser; Stiel 6–15 cm hoch
Merkmale: Bräunlicher Hut mit grauen Flocken; ältere Pilze rötlich, auch an Fraßstellen; massiver, ausgebauchter Stiel mit gerieftem Ring unter dem Hut
Lebensraum: Wälder; auf humusreichen Böden
Erscheinungszeitraum: Ende des Sommers und Herbst, Hauptzeit Ende August/Anfang September
Eßbarkeit: Roh giftig, in gekochtem Zustand eßbar; guter, gesuchter Speisepilz
Hinweis: Meiden wegen Verwechslungsgefahr mit Giftpilzen

Der Pilz hat zartes, weißes Fleisch, das an Bruch- oder Schnittstellen bald leicht weinrötlich anläuft. Wie auch bei anderen Pilzen verschwinden die hellen Flocken auf dem Hut oft bei starkem Regen.

STEINPILZ *Boletus edulis*

Größe: Hut 6–20 cm Durchmesser; Stiel 7–18 cm hoch
Merkmale: Hut hell- bis dunkelbraun, fleischig, gewölbt mit glatter Oberfläche, bei Feuchtigkeit schmierig; unterseits weiße bis gelbliche Röhren; Stiel keulenförmig, blaß bis hell bräunlich, oben mit feinmaschigem, weißem Netz
Lebensraum: In Laub- und Nadelwäldern bis ins Gebirge, an Waldrändern und -wegen
Erscheinungszeitraum: Herbst; die meisten Steinpilze gibt es in Jahren mit einem trockenen Herbst.
Eßbarkeit: Ausgezeichneter Speisepilz; angenehm würziger Geschmack; in Scheiben geschnitten kann man ihn trocknen und gut konservieren.
Hinweis: Ältere Exemplare haben oft Maden. Vorsicht: Nicht mit dem extrem bitteren Gallenröhrling verwechseln!

Für Feinschmecker ist der Steinpilz einer der delikatesten Pilze. Als einziger Wildpilz kann er auch roh gegessen werden.

SAFRAN-SCHIRMLING *Macrolepiota rhacodes*

Größe: Hut 5–15 cm Durchmesser; Stiel 10–20 cm hoch
Merkmale: Hut in der Mitte einfarbig braun, zum Rand hin geschuppt; heller Ring
Lebensraum: Lichte Wälder, Hecken, Gärten
Erscheinungszeitraum: Sommer und Herbst, Hauptzeit Anfang Oktober
Eßbarkeit: Ungenießbar
Hinweis: Galt früher als eßbarer Pilz, verursacht aber Magenbeschwerden

Der Safran-Schirmling ähnelt dem Parasol, der gern auf grasigen Stellen wächst. Dieser ist allerdings wesentlich größer und hat andersartige Schuppen.

DÜNNFLEISCHIGER ANISEGERLING *Agaricus silvicola*

Größe: Hut 6–12 cm Durchmesser; Stiel 8–14 cm hoch
Merkmale: Weißer Hut mit dünner Haut; rosa oder bräunliche Lamellen; Stiel mit Manschette; duftet nach Mandeln
Lebensraum: Laub- und Nadelwälder, Parkanlagen, dichte Laubstreu, gedüngte Wiesen
Erscheinungszeitraum: Ende des Sommers bis Herbst
Eßbarkeit: Von seinem Verzehr wird abgeraten, da er einen sehr hohen Gehalt an Schwermetall aufweist und sehr leicht mit den äußerst giftigen Knollenblätterpilzen verwechselt werden kann.
Hinweis: Verwandt mit dem giftigen Karbol-Egerling, dieser ist aber erkennbar am flacheren Hut, tintenartigem Geruch und am gelben Stiel.

Die grünlichen Reflexe auf dem Hut des Dünnfleischigen Anisegerlings sehen wenig appetitlich aus. Dennoch ist der Pilz schmackhaft. Man sollte nur junge Pilze sammeln, alte haben häufig Maden.

SPECHT-TINTLING *Coprinus picaceus*

Größe: Hut 6–14 cm Durchmesser; Stiel 12–25 cm hoch
Merkmale: Schwärzlicher, konischer Hut mit weißen Flocken auf weißem Stiel; mit zunehmender Reife schwarz zerfließend
Lebensraum: Auf fetten Böden, in schattigen Laubwäldern, hauptsächlich unter Buchen
Erscheinungszeitraum: Herbst
Eßbarkeit: Ungenießbar
Hinweis: Am besten meidet man ihn, er stinkt. Sehr seltener Pilz

Die Zweifarbigkeit dieses Pilzes ist sein hervorstechendes Merkmal. Er tritt nur regional auf und hätte es verdient, daß sich die Naturschutzorganisationen für ihn interessieren.

GEMEINE STINKMORCHEL *Phallus impudicus*

Größe: 12–25 cm hoch; auf zylindrischem Stiel
Merkmale: Entwickelt sich aus einer weißen, eiförmig geschlossenen, schleimigen Scheide mit ausgeprägtem Myzelfortsatz; der reife Pilz hat Phallusform; Stielgewebe locker; Hut glockig, mit netzartig gerippter Oberfläche, mit einer grünolivfarbenen, feuchten Schicht überzogen, die abtropft und schnell von Fliegen verzehrt wird; übler Geruch und Geschmack
Lebensraum: Laubwälder und Parks, in Baumnähe
Erscheinungszeitraum: Sommer und Herbst, Hauptzeit September
Eßbarkeit: Ungenießbar

Der schleimige Überzug des Huts trägt die Sporen. Sie fallen mit dem Schleim zu Boden oder werden von Fliegen verbreitet.

Röhrender Rothirsch

Rotfuchs am Baueingang

HAARWILD

Machen wir uns auf die Suche nach den großen und kleinen Säugern, die im Unterholz leben. Wer aufmerksam hinschaut, findet ihre Fährten, aber um die Tiere selbst zu sehen, braucht man viel Geduld.

Spuren und Fährten

Fast alle Säugetiere sind eher nachtaktiv und scheu. Wir sehen sie daher nur selten, oder oft bemerken wir sie einfach nicht. Doch sie hinterlassen deutliche Spuren. Schauen Sie sich einmal genauer um – Sie werden erstaunt sein!

Fährten und Abdrücke von Pfoten oder Hufen sind oft die einzigen Hinweise auf die Gegenwart von Haarwild. Es ist eine feine Sache, wenn man sie identifizieren kann, aber ein Fährtenleser ist man deshalb noch lange nicht!

Die von Tieren hinterlassenen Fußspuren sind oft von Steinen, Blättern und kleinen Zweigen verwischt. Am besten versuchen Sie dann im Umkreis eine Stelle mit deutlicheren Spuren zu finden, oder Sie achten auf andere Hinweise, wie Exkremente oder Haarbüschel. Dabei kann es leicht zu Verwechslungen kommen, weil sich viele Spuren sehr ähneln.

Die beiden vorderen Zehenballen von Füchsen beispielsweise hinterlassen sehr deutliche Abdrücke, während die Spuren der anderen Zehenballen durch Fell auf der Pfotenunterseite kaum sichtbar sind. Die Spuren der Hinterpfoten des Dachses erscheinen meist viel größer als die der Vorderpfoten, weil der Dachs immer den ganzen Hinterfuß aufsetzt, vom Vorderfuß aber oft nur die Zehenballen.

Auch die Größe kann zu Verwirrungen führen. Im Schnee sehen alle Spuren schon nach geraumer Zeit viel größer aus. Gerade im Pulverschnee sinken die Tiere ein, und dabei vergrößern sich die Spuren. Auch die Laufgeschwindigkeit oder Sprünge haben Einfluß auf die Form des Abdrucks.

Sehr tiefe Spuren, Abdrükke, die relativ weit auseinander liegen oder verwischt sind, weisen darauf hin, daß sich das Tier mit großer Geschwindigkeit fortbewegte. Je größer die Abstände zwischen den einzelnen Abdrücken sind, desto schneller lief das Tier. Wenn ein Kaninchen sich in normalen ruhigen Sprüngen fortbewegt, haben die Abdrükke von Vorder- und Hinterpfoten einen Abstand von etwa 15 cm. Flüchtet es dagegen, kann der Abstand bis zu 1 m betragen!

DIE FÄHRTE

Die Abdrücke der Pfoten oder der Hufe, die Trittsiegel, sind ein Teil der Fährte. Die gesamte Fährte besteht aber aus allen Spuren, die ein Tier hinterläßt. Die Spuren müssen wie ein Puzzle zusammengesetzt werden. Da ist zum Beispiel ein breiter Wechsel, der durch ein Feld führt. Er ist so breit, daß er von einem Menschen stammen könnte; man sieht aber keinen Fußabdruck. Führt diese Spur nun aber unter einem Zaun her oder geht sie durch ein Dickicht, kann sie nicht von einem Menschen stammen. Haare, die am Zaun oder im Dickicht hängengeblieben sind, verraten uns, wer hier gewesen ist.

Folgen Sie der Spur, und versuchen Sie weitere Indizien zu finden. Schauen Sie sich die Pflanzen an: Sind sie breit getreten, weist das auf ein Kaninchen oder einen Rehbock hin. Die Fährten können zu einem Bau hin oder von ihm weg führen; an der Größe kann man erkennen, ob es sich um einen Dachs, einen Fuchs oder ein Kaninchen handelt. Wenn die Fährte stark riecht, ist vermutlich ein Fuchs hier entlanggeschnürt. An manchen Stellen der Fährte gibt es einzelne Exkremente oder Sammelstellen von Kot, auch sie liefern Informationen.

Auf Schnee hinterläßt jedes Tier Spuren. Kaninchen hinterlassen Spuren, bei denen zwei nebeneinander gesetzte mit zwei hintereinander gesetzten Abdrücken abwechseln.

SPUREN IM VERGLEICH

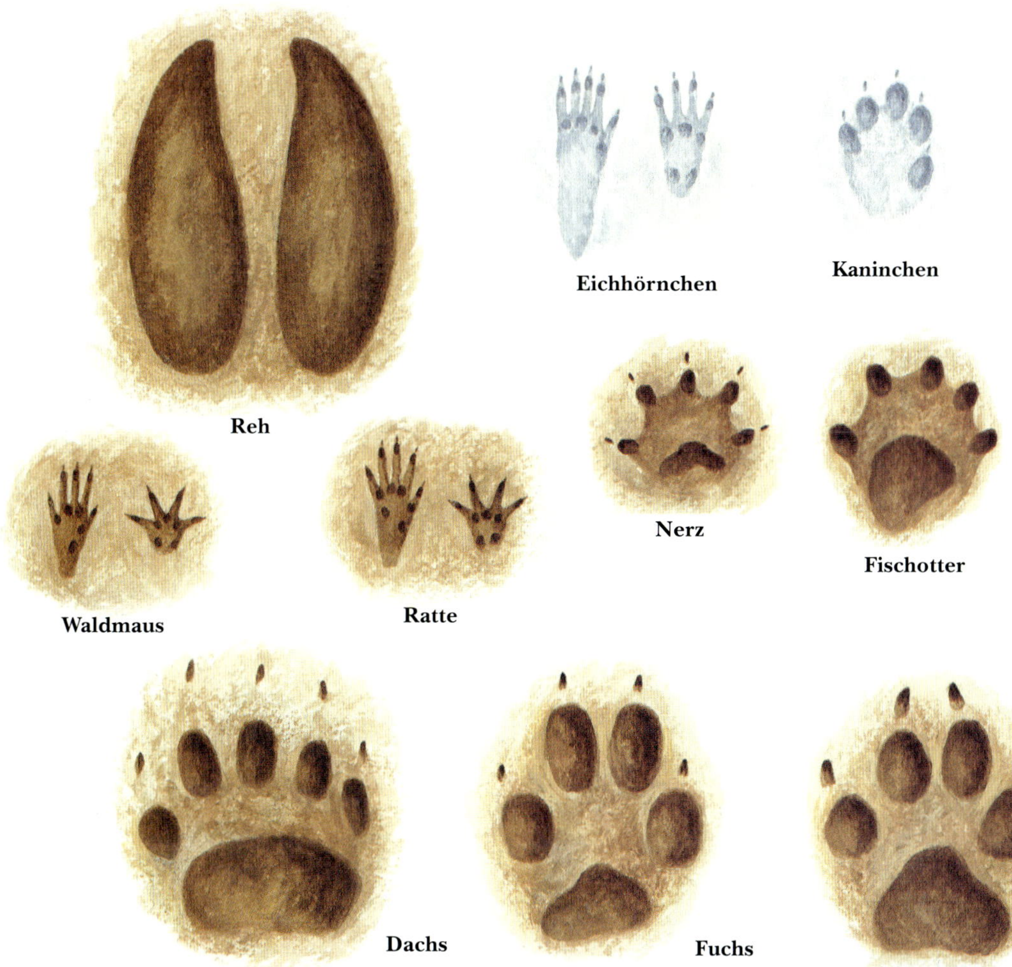

Der Dachs hat sehr lange und kräftige Krallen an den Vorderpfoten, die nicht nur im Schnee und in weichem Boden markante Spuren hinterlassen, sondern auch Kratzspuren an Ästen und Baumstämmen.

WIE IDENTIFIZIERT MAN FÄHRTEN?

- Zuallererst stellt man fest, ob es sich um den Abdruck eines Huftiers – also eines Rehs oder Schafs – handelt, oder ob der Abdruck Ballen und Spuren von Krallen zeigt und entfernt an eine menschliche Hand erinnert.
- Wichtig ist, daß man zur weiteren Bestimmung auch die Größe ausmißt. Das kann entweder mit einem Zentimetermaß geschehen oder mit der Handspanne. Die Abdrücke von Reh- und Rotwild unterscheiden sich in der Größe, und oftmals ist diese der einzige Hinweis darauf, um welche Art es sich hier handelt.
- Die Größe der Abdrücke ermöglicht es auch, das Tier zunächst einmal größenmäßig einzuordnen. Ein Hund hinterläßt in jedem Fall größere Abdrücke als ein Eichhörnchen. Die Abdrücke des Eichhörnchens sind etwa 4 cm lang und 2 cm breit, während ein Hund oder ein Fuchs eine Spur von mindestens 5 cm Länge und etwa derselben Breite haben.
- Die Abdrücke der Hinterpfoten von Hasen und Kaninchen sind lang und gerade und haben vorne eine kleine Rundung.
- Denken Sie daran, daß z. B. die Tiefe des Schnees und die Geschwindigkeit, mit der sich das Tier fortbewegte, die Größe und die Form des Abdrucks beeinflussen.

SO KANN MAN ABDRÜCKE AUSGIESSEN

- Zuerst umrahmt man einen Abdruck mit Streifen von festem Karton oder Plastik, die man mit einer Büroklammer zusammenhält und leicht in den Boden drückt.
- Jetzt vermischen Sie Gips und Wasser und achten darauf, daß sich keine Klumpen bilden.
- Gießen Sie den angerührten Gips in den Abdruck, und warten Sie etwa 20 Minuten, bevor Sie ihn wieder herausheben.
- Nehmen Sie den Karton ab und entfernen Sie eventuell anhaftende Erde. Jetzt können Sie den Abdruck mit Klarlack überziehen.

DIE NATUR BEOBACHTEN

WO FINDET MAN SPUREN?

- Am leichtesten findet man Abdrücke dort, wo der Boden weich genug ist, um den Abdruck einige Zeit lang sichtbar zu halten. Sand oder harter Untergrund konservieren nur die Spuren sehr schwerer Tiere.
- In nasser, weicher Erde an Teich- und Seeufern oder an Fluß- und Bachläufen kann man leicht Abdrücke entdecken, in feinem Schlamm sogar die Spuren kleiner und sehr leichter Tiere.
- Versuchen Sie einmal, eine Stelle zu finden, an der Dachse oder Rehwild über eine Pfütze gesprungen sind oder sich einen Weg durchs Unterholz gebahnt haben.
- Weicher, feuchter Sand an einem Teich oder Bachlauf zeigt die Spuren aller Tiere, die hier ihren Durst gestillt haben.

WANN GEHT MAN AM BESTEN AUF SPURENSUCHE?

- Gehen Sie hinaus in den Schnee. Selbst die kleinsten und leichtesten Tiere hinterlassen jetzt ihre Abdrücke, und man kann lange ihrer Spur folgen.
- Am aussagefähigsten ist frisch gefallener Schnee. Wenn er sehr tief ist, verformen sich die Abdrücke allerdings und sind nicht mehr so leicht zu identifizieren.
- Gehen Sie früh am Tag los, bevor Regen oder andere Tiere die in der Nacht entstandenen Spuren vernichten.

FUCHS *Vulpes vulpes*

Füchse gibt es fast überall, selbst in die Dörfer und Städte wagen sie sich heute schon vor. Auf weichem Boden oder auf Schnee ist ihre praktisch linear verlaufende, an eine Perlenkette erinnernde Fährte deutlich zu erkennen. Man sagt, der Fuchs schnürt. Verwechslungsgefahr besteht nur mit der Spur kleinerer Hunde. Grundsätzlich jedoch liegen die Abdrücke der Pfoten von Hunden weiter auseinander, sind größer als die des Fuchses und zeigen vorne stärker ausgeprägte Krallen. Außerdem sind die Fuchsabdrücke eher oval.

● ABDRUCKGRÖSSE
Etwa 35 mm breit und 50 mm lang. Meist kleiner als die von Hunden

● MERKMALE
Ovaler Abdruck mit kleinen Krallenmarkierungen, etwas länger als breit; beim Hund ist der Abdruck länger und breiter, die Krallenmarkierungen sind ausgeprägter.

● ANORDNUNG
Die hintere Pfote tritt in den Abdruck der vorderen, so daß eine fast gerade Folge von Abdrücken entsteht.

● WO ZU FINDEN
An Pfützen und im weichen Boden auf landwirtschaftlichen Flächen

● WEITERE SPUREN
Haare dort, wo der Fuchs entlanggelaufen ist und sich verhakt hat; der Fuchsbau ist groß, mit einem Haupteingang und mehreren Nebeneingängen; davor liegen oft verstreut Nahrungsreste, die einen starken Geruch verströmen.

Die Abdrücke des Fuchses sind oval. Auf feuchten Böden erkennt man sogar die Haare zwischen den Ballen.

Beim Fuchs stehen die Fußspuren in einer fast geraden Linie hintereinander (rechte Spur). Bei den größeren Hunden besteht die Fährte meist aus zwei Spurlinien – einer von den rechten, einer von den linken Pfoten (linke Spur).

▲ Als sogenannter Sohlengänger setzt der Dachs die gesamte Fußfläche auf – in weichem Boden ist sie unverwechselbar.

▼ Selbst auf hartem Untergrund hinterläßt der Dachs noch deutliche Spuren. Man entdeckt sie auf seinen Trampelpfaden.

DACHS *Meles meles*

Der Dachs ist ziemlich weit verbreitet, man trifft aber nur selten auf das heimliche, nachtaktive Tier. Dabei hinterläßt der Dachs viele charakteristische Spuren. Die Abdrücke seiner Pfoten sind ziemlich groß und gut zu sehen, da das Tier relativ schwer ist. Vor allem die langen Krallen an den Vorderpfoten drücken sich gut im Untergrund ab. Zudem setzen Dachse ihre Pfoten einwärts. Dachse laufen nicht gern auf sehr weichen, feuchten Böden, daher wird man ihre Fußabdrücke nur selten an Bach- oder Teichufern finden.

● ABDRUCKGRÖSSE
Etwa 5–7 cm lang, immer um einiges breiter als lang

● MERKMALE
Die Pfoten stehen leicht nach innen gewendet. Der Abdruck der Krallen und Zehen bildet einen Rundbogen, während beim Hund und beim Fuchs 2 Zehen vor den beiden anderen stehen. Die langen Krallen der Vorderpfoten hinterlassen tiefe Spuren und sind oft auch dann zu sehen, wenn von den Ballen kein Abdruck vorhanden ist.

● ANORDNUNG
Die Abdrücke überdecken sich selten. Die runden, breiten Vorderpfoten setzen sich oft gut von den größeren Hinterpfoten ab.

● WO ZU FINDEN
In der Nähe des Baus, in der Nachbarschaft von landwirtschaftlichen Gebäuden oder im weichen Boden in der Nähe von flachen Trinkstellen, wie Pfützen oder mit Wasser gefüllten Traktorspuren

● WEITERE SPUREN
Vier parallel liegende Krallenspuren auf weichem Holz; weiße und schwarze Haare, teils wellig und etwa 4–5 cm lang, oft verhaken sie sich im Stacheldraht; Kothaufen in der Größe einer Tasse, meist auf weichem Boden

HIRSCHE *Cervidae*

Die Mitglieder der Familie der Hirsche sind Paarhufer und Zehenspitzengänger. Sie berühren nur mit der 3. und 4. Zehe den Boden, die erste Zehe fehlt, die 2. und 5. Zehe sind zurückgebildet. Die Zehen sind durch Hornschuhe geschützt, die „Schalen" genannt werden. Der Abdruck sieht aus wie ein gespaltener Huf. Da die Jungtiere der großen Arten den gleichen Abdruck haben wie die Alttiere der kleinen Arten, ist die Spur schwer zuzuordnen. Man muß daher weitere Faktoren, wie Lebensraum und Jahreszeit, berücksichtigen.

● ABDRUCKGRÖSSE
Rothirsch: 7–9 cm lang, Damhirsch: 6–8 cm, Reh: 4–5 cm; Schrittlänge: Rothirsch 50–70 cm, Damhirsch 45–50 cm und Reh 40–60 cm

● MERKMALE
Paarhufer treten mit zwei Hufen auf, die man „Schalen" nennt. Vorne laufen sie spitz zu, die äußeren Kanten sind gebogen, sie bilden in etwa eine Herzform.
Die Abdrücke von Schafen ähneln denen des Rothirsches, haben aber fast gerade äußere Kanten.

● ANORDNUNG
Ob das hintere Trittsiegel genau in das vordere gesetzt wurde, hängt von der Gangart des Tieres ab. Gerade bei Rotwild und Rehwild trifft dies oft nicht zu. Um aus der Schrittlänge Rückschlüsse zu ziehen, braucht man Erfahrung und eine gute Kenntnis des Wildbestands in der betreffenden Region.

● WO ZU FINDEN
Im Wald auf weichem Boden, in der Nähe von Pfützen oder dort, wo Rot- und Rehwild über Gräben springt

● WEITERE SPUREN
Ansammlungen von Kot; Spuren an Bäumchen vom Fegen des Geweihbastes; rund getrampelter Boden; Haare; abgebissene Äste, Zweige und Rinde

▶ Rehe und Hirsche sind Paarhufer, sie treten mit 2 Zehen auf, die durch Hornschuhe (Hufe) geschützt sind. Man nennt sie „Schalen". Der Abdruck hat durch die abgerundeten Außenkanten Herzform.

▲ Die Schrittlänge gibt Aufschluß über die Geschwindigkeit, mit der sich das Tier bewegte.

◀ Dachse haben die Angewohnheit, innerhalb ihres Territoriums immer dieselben Wege zu benutzen, wenn sie auf Nahrungssuche gehen. Suchen Sie dort nach Abdrücken, wo der Dachspfad unter einem Zaun durchführt.

▼ Im tiefen Schnee sind Gras und Kräuter verschwunden. Gehen Sie dort auf Spurensuche, wo die Rothirsche im Schnee scharren, um an Nahrung zu kommen.

Das Familienleben der Füchse

Die meisten Tricks lernen Füchse schon in ihrer Jugend. Die Jungen werden im Frühjahr geboren und sind wahre Energiebündel. Nichts ist vergnüglicher, als jungen Füchsen bei ihren ausgelassenen Fangspielen und Raufereien zuzusehen.

Füchsinnen haben nur einen Wurf im Jahr. Die Jungen werden in der zweiten Märzhälfte oder etwas später geboren. Einige Tage vor dem Werfen hat die Füchsin oder Fähe sich eine Höhle ausgesucht, die ihr als Platz für die Aufzucht ihrer Welpen geeignet erscheint. Füchse leben gern unter der Erde in Bauten von 2–3 m Länge und mehr. Die Füchsin gräbt ihren Bau selbst, manchmal vergrößert sie auch verlassene Kaninchen- oder Dachsbaue. Ein Loch zwischen Baumwurzeln ist oft der Eingang zu der tiefer liegenden Höhle. In bergigen Regionen reicht auch manchmal eine tiefe Felsspalte, eine Höhle in einem Baumstumpf oder eine Ecke in einem verlassenen Gebäude. Es kommt auch vor, daß Füchsinnen ihre Welpen zwischen verrotteten landwirtschaftlichen Maschinen oder altem Gerümpel in Scheunen zur Welt bringen.

Leben in der Stadt

In städtischen Gebieten halten sich Füchse häufig in Gärten auf, aber auch in alten Gebäuden, unter Bodenbrettern, ja sogar in höheren Etagen oder Mansarden. Oft dringen die listigen Tiere durch Katzenklappen ins Haus ein und bringen ihre Jungen hier im Warmen und Trockenen und in Sicherheit zur Welt – natürlich vorzugsweise in Gebäuden mit Zentralheizung! Verspielt wie sie sind, können Füchse nachts ziemlich störend für ihre Umwelt sein. Sie zernagen Kabel und Schläuche, und manche statten gelegentlich auch Wohnungen einen Besuch ab. Die bevorzugten Wohngebiete der Stadtfüchse sind jedoch wenig genutzte Gartenhäuser und Geräteschuppen. Etwa die Hälfte der in der Stadt lebenden Füchse hat hier ihr Domizil.

Füchse polstern ihren Bau nicht weich aus, möglicherweise, weil weiche Materialien schnell verschmutzen und Krankheitskeime bergen, die den Jungtieren schaden können. Da so eine einfache Höhle aber nicht gerade komfortabel ist, bleibt die Fähe zwei volle Wochen bei ihren Jungen, um sie zu wärmen, und verläßt sie nur für kurze Momente. Wenn die Füchsin wirft, betritt der Fuchs den Bau nicht, danach aber versorgt er seine ganze Familie mit Nahrung. Auch andere Füchsinnen bringen der Füchsin und ihren Jungen Beute. Oft handelt es sich hierbei um Schwestern des Muttertieres, die in diesem Jahr keine Jungen hatten.

Die jungen Füchse kommen taub und blind auf die Welt. Sie wiegen etwa 100 g und sind 15 cm lang. Anfangs verhalten sie sich ruhig und entwickeln sich langsam,

In ihrer Kindheit bleiben die Welpen immer eng zusammen. Selbst wenn die Zeit gekommen ist, ihre Mutter zu verlassen, leben sie manchmal noch einige Zeit in der Gruppe, teilen sich ein Territorium und gehen gemeinsam auf Jagd nach Beute.

ERSTE SCHRITTE

Mit etwa 4 Wochen verlieren die kleinen Welpen ihr dunkles Jugendfell. Es wird nach und nach durch das typische rotbraune Erwachsenenfell ersetzt. Der Fellwechsel beginnt am Kopf, der sich jetzt auch deutlich verändert. Die Ohren werden größer und spitzer, und die Schnauze wird länger.
Im Mai sind die Jungfüchse etwa 6 Wochen alt. Mehr und mehr ähneln sie nun ihren Eltern; mittlerweile wiegen sie etwa 600 g. Um diese Zeit machen sie ihre ersten Schritte in die Außenwelt und verlassen den Bau, ohne sich allerdings allzuweit zu entfernen.

WOHNUNG IM SOUTERRAIN

Sicherer Bau

Außerhalb der Fortpflanzungszeit halten sich Füchse nur selten in einem Bau auf, sie leben lieber frei. Aber zur Niederkunft braucht die Füchsin einen geschützten Platz. Zwischen Baumwurzeln oder unter einem Felsvorsprung gräbt sie einen Gang mit Kessel als Aufenthaltsraum. Den Eingang läßt sie oft sehr schmal. Sie kann durch einen Spalt von nur 15 cm Durchmesser kriechen. Dahinter ist ihre Familie vor Menschen und Hunden sicher. Gern quartiert sie sich auch in alten Dachsbauen ein, die mit ihren vielen Ausgängen gute Fluchtmöglichkeiten bieten.

Bei schlechtem Wetter suchen die Füchse Unterschlupf in einem Bau. Dabei hat es ein einzelner Fuchs einfacher als eine ganze Familie. Sowie die Fähe trächtig ist, steht für sie Sicherheit an erster Stelle.

Nach dem Absetzen läßt die Füchsin die Welpen immer öfter allein im Bau. Häufig bleibt sie im Eingang sitzen, um vor dem zudringlichen Betteln der Jungen eine Zeitlang Ruhe zu haben.

aber sie werden schnell quicklebendig. In ihrer zweiten Lebenswoche öffnen sich die Augen, und ab dann schreitet ihre Entwicklung rasant voran. In einem kleinen Bau ist das kein Problem, aber wenn die Füchsin eine geräumige Unterkunft beispielsweise unter den Dielen eines alten Gebäudes gewählt hat, verteilen sich die Welpen in alle Richtungen. Haben sie sich zu weit entfernt, bekommen sie es doch mit der Angst zu tun und stoßen einige hohe Schreie aus, damit die Mutter sie in ihre Nähe zurückholt.

Unter der Erde sind die Jungen im allgemeinen bei ihrer Mutter in Sicherheit. Bei sehr feuchtem Wetter wird der Bau jedoch manchmal naß und kalt, oder ein Dachs entdeckt die Kleinen und tötet sie. Obwohl die Füchsin die Welpen streng bewacht und gut für sie sorgt, sehen etwa 15 % der Jungtiere niemals die Außenwelt: Sie sterben, noch bevor sie den Bau verlassen konnten.

Auf diejenigen, die überlebt haben, warten jedoch aufregende Dinge außerhalb des Baus. Im Mai wird das Wetter meistens angenehmer, und dann tummeln sie sich neben dem Baueingang, spielen Fangen oder liefern sich wilde Scheinkämpfe. Ihr Toben hat zur Folge, daß die Vegetation in der Nähe des Eingangs zum Bau zertrampelt ist. In Gärten befinden sich manchmal auch dekorative Objekte und zerbrech-

Mit ihrem samtigen, schokobraunen Fell, ihrer kurzen Schnauze und ihrem runden Kopf ähneln die Jungfüchse ihren Eltern anfangs noch kaum. Erst nach einem Monat bekommt ihr Fell den typischen Rostton.

liche Gegenstände. Sie werden von den Welpen einfach umgerannt, zu Boden gestoßen und im Eifer des Spiels beschädigt. Stöcke, Zweige, Blumentöpfe und Kaninchenknochen – alles wird im Spiel als „Beute“ angesehen und dementsprechend behandelt. Sie werfen die Sachen in die Luft, zerren an ihnen und springen purzelnd über sie hinweg.

Diese Kapriolen und wilden Spiele haben im Grunde den Zweck, die Jungtiere zu kräftigen und die Koordination ihrer Bewegungen zu verbessern. Alles ist ein Training mit dem Ziel, ein perfekter Jäger zu werden: Ein ungeschickter oder langsamer Fuchs lebt nicht lange. Natürlich fordern diese wilden Kinderspiele auch ihre Opfer. Es kommt immer mal wieder vor, daß ein Welpe in einen Teich oder in eine Regenwassertonne fällt und ertrinkt. Manch ein Jungfuchs bleibt im Maschendraht eines Gartens hängen oder macht eine folgenschwere Bekanntschaft mit gefährlichen Maschinen.

Die Mutter beginnt mit dem Absetzen, sobald die Welpen etwa einen Monat alt sind. Ab jetzt bekommen sie von den Alten nur noch feste Nahrung, wie Wühlmäuse, Vögel und andere Beutetiere, die in der Nähe des Baus gefangen und verschlungen werden. Für die Jungen wird die Beute dann wieder ausgewürgt. Auch sehr große Beute, wie beispielsweise ein totes Kaninchen oder ein Knochen, der einem Hund aus dem Futternapf gestohlen wurde, wird zum Bau geschleppt.

SPIELSTUNDEN

Die jungen Füchse verbringen viele Stunden damit, miteinander zu raufen und um alte Knochen oder kleine Nahrungsstücke zu balgen, denn das Spiel ist ebenso wie die Nahrung ein wichtiger Teil ihres Lebens. Die Knochen sind eine hervorragende Quelle für Kalzium, ein Mineralstoff, den die Jungfüchse für ihr Wachstum benötigen. Wenn sie darum streiten, stärken sie ihre Kieferknochen und ihre Zähne. Wie die meisten Säugetiere haben auch Füchse ein Jugendgebiß. Genau wie unsere Milchzähne fällt es aus und wird nach und nach durch das endgültige

ZEIT DES SÄUGENS

In den ersten Wochen ihres Lebens werden die kleinen Füchse nur mit Muttermilch ernährt. Die Füchsin verliert ihr gesamtes Fell im Bauchbereich, damit die Welpen die Zitzen leichter erreichen können. Die Fähe besitzt 8 Zitzen. Sie reichen aus, um einen normalen Wurf von 4–5 Jungtieren zu ernähren.

Anfangs legt sich die Füchsin zum Säugen hin. Wenn die Welpen größer werden, haben sie in dieser Position nicht mehr genug Platz. Dann stellt sich die Füchsin auf. Nach und nach versiegt die Milch, und sobald die Jungen etwa 6 Wochen alt sind, ernähren sie sich komplett von fester Nahrung.

Jedesmal, wenn die Füchsin kurz fort war und zu ihren jetzt etwa einen Monat alten Jungen zurückkommt, wird sie enthusiastisch begrüßt. Obwohl die Jungen schon feste Nahrung zu sich nehmen, verlangen sie immer noch Muttermilch. Die fette Milch läßt sie bis zum Alter von sechs Wochen täglich etwa 50 g zunehmen.

Obwohl sie schon seit etwa vier Wochen feste Nahrung zu sich nehmen, werden die Welpen bis zur sechsten Lebenswoche noch gesäugt. Dabei zanken sie sich um die Zitzen der Mutter, die geduldig stehenbleibt und die Bisse der Kleinen erträgt.

Anfangs werden die Jungfüchse ausschließlich gesäugt, die Füchsin wird vom Männchen mit Beute versorgt. Sobald die Jungen abgesetzt sind, schafft das Männchen Ratten, Wühlmäuse, Kaninchen und Vögel für seine Familie herbei.

▶ Auch wenn an den Knochen des Teichhuhns kaum mehr Fleisch oder Haut zu finden ist, kann das Füchslein doch immer noch seine Zähne daran kräftigen. Außerdem gibt so ein bißchen Rumknacken ein gutes Gefühl.

Erwachsenengebiß ersetzt. Ein großer Teil der Nahrung, die die Fähe ihren Welpen anbietet, ist nicht eßbar, wie zum Beispiel Federn oder Fell. Dies landet dann wieder draußen vor dem Bau – zusammen mit anderem Abfall, der anzeigt, wovon sich die Familie ernährt hat: etwa die Haut eines Igels, den sie tot am Straßenrand entdeckt hatten. Hier findet man auch Spielzeuge aus weichem Material, wie alte Schuhe oder Gummibälle, die die Alten ihren Jungen mitgebracht haben, damit sie ihre Zähne daran erproben und sich damit vergnügen können.

Die Welpen spielen den ganzen Sommer lang. Dabei wachsen sie, sie werden stärker und können immer mit der Hilfe ihrer Eltern rechnen. An warmen, feuchten Abenden spielt manchmal die ganze Familie ausgelassen im Gras vor dem Bau. Das sind wilde Unternehmungen für die jungen Füchse, die auf diese Weise lernen, wie man Beute fängt, schlägt und festhält. Manchmal fangen sie sogar schon eine Maus oder einen Vogel und haben sich so ihr Abendessen selbst verdient.

Tricks und Listen

Ab Mai lernen die Jungfüchse, wo sie Nahrung finden und wie sie ihren Hunger gezielt selbst stillen können. Noch sind sie nicht geschickt genug, schnelle Beute, wie kleine Säugetiere oder Vögel, zu schlagen, noch begnügen sie sich mit Früchten vom Boden und mit Insekten. Diese machen jetzt einen viel größeren Anteil an der Nahrung aus als bei den erwachsenen Füchsen, deren Nahrungspalette von deutlich größeren Beutetieren gekennzeichnet ist.

Im Laufe des Sommers führt die Füchsin ihre kleine Familie aus dem unterirdischen Bau in ein größeres, luftigeres Quartier, das den ständig wachsenden Welpen ausreichend Platz bietet. Meist läßt sich die Familie in einem geschützten Dickicht nieder, von wo sie bei Sonnenuntergang zur Jagd aufbricht. Die erwachsenen Füchse bringen den Jungen weiterhin Nahrung, und die Abfälle stapeln sich noch immer um ihren Bau. Aber je selbständiger die Jungfüchse werden und je mehr sie in der Lage sind, sich selbst zu ernähren, desto weniger Beute bringen die Eltern zum Bau. Statt dessen ermutigen sie die Jungen, selbst zu jagen. In diesem Stadium entwickelt sich der kleine Schwanz der Jungfüchse zur typischen buschigen Rute. Insgesamt wird das Fell jetzt voluminöser, und mehr und mehr nehmen die Jungtiere das Aussehen erwachsener Füchse an.

Aber die Sommermonate sind kein reines Vergnügen. Im September sind die kleinen Füchslein etwa ein halbes Jahr alt und haben dann meist ein Drittel ihrer Geschwister verloren. Einige von ihnen sind Unfällen zum Opfer gefallen, die meistens die entdeckungsfreudigsten Tiere treffen, aber auch die am wenigsten klugen. Viele

Erfahrungen werden spielerisch gemacht. Kämpfe zwischen Welpen sind selten ernst. In Scheinkämpfen erproben die Kleinen ihre Kräfte, die Koordination ihrer Bewegungen und die Tricks, die ihnen später in echten Rangkämpfen zugute kommen.

Auf in den Kampf!

Jungfüchse bleiben den ganzen Sommer in der Familie zusammen. Sie verschlafen den Tag und nutzen die Nacht, um zu spielen. Diese Spiele sind nicht nur amüsant, die Kleinen lernen dabei auch alles, was sie später fürs Überleben brauchen. Außerdem finden die Welpen in Scheinkämpfen auch ihren eigenen Rang in der Hierarchie der Gruppe.

Die Jungfüchse lernen von klein an, wie in Körperhaltung und Verhalten ihre Dominanz oder ihre Unterwerfung zum Ausdruck kommt.

Die Rangordnung unter den Geschwistern zeigt sich, wenn eines der Alttiere Futter bringt. Das stärkste Junge bekommt meistens die größte Portion.

Im Schatten der Pflanzen liegt das Füchslein auf der Lauer. Wenn es sich zu weit vom Bau weggewagt hat und Angst bekommt, ruft es seine Mutter zu Hilfe.

von ihnen wurden von Autos überfahren, einige sind in Bassins oder Teiche gefallen und andere in einer Falle verendet. Solche „Unfälle" tragen aber nicht dazu bei, daß die Art bedroht ist. Vielmehr wären die Populationen sehr schnell für das vorhandene Nahrungsangebot viel zu groß, würde jedes Fuchspaar pro Jahr erfolgreich drei Junge gesund aufziehen.

SPASS AM ABENTEUER

Gegen Ende des Sommers sind die Jungfüchse erfahren genug, um sich selbst zu versorgen. Jetzt ist die Zeit gekommen, da die meisten von ihnen von ihren Eltern vertrieben werden und sich ein eigenes Revier suchen müssen. Die Territorien wechseln schnell, denn der Bestand der Füchse schwankt immer. Die Jungen suchen also ein eigenes Gebiet, zeitweilige Freunde und später einen Partner. In Gebieten, wo es wenig Füchse gibt, wie in offenen Landschaften, in Heideland oder im Gebirge, kann es sein, daß die Jungfüchse bis zu 50 km wandern, bevor sie sich niederlassen. In anderen Gegenden, hauptsächlich an der Peripherie größerer Städte, steigt die Zahl der Füchse ständig. Es scheint, als ob dort weniger Füchse abwandern. Ein großer Teil der jungen Füchsinnen gründet ihre neue Familie nur einige Meter von dem Platz entfernt, an dem sie zur Welt kamen.

Dort, wo es wenig Füchse gibt, besteht eine Familie aus dem Fuchs, der Füchsin

Mit zunehmendem Alter bekommen die Welpen Mut. Sie fangen Käfer und Würmer und testen an ihnen ihre Jagdtechniken. Jetzt entfernen sie sich schon weiter von den Eltern und sind daher leichter zu beobachten.

Was es alles gibt!

Die ersten Sprünge außerhalb des Baus sind aufregend für die Füchslein. In den warmen Tagen des frühen April, wenn die Natur sich mit neuen Gerüchen und Geräuschen füllt, verlassen sie ihre unterirdische Behausung. Unter der Obhut der Familiengruppe entdecken sie die Umgebung des Baus und kuscheln sich dann zum Schlafen in die üppige Vegetation.

Befreit von der Enge des unterirdischen Baus kugeln die Jungfüchse im trockenen Gras herum. Das hilft auch gegen das Jucken im Fell, denn sie kommen jetzt in ihren ersten Fellwechsel. Bald werden sie nicht mehr dunkelbraun aussehen, sondern das rötliche Fell des erwachsenen Fuchses tragen.

Die Welpen sind schnell müde und verschlafen einen großen Teil des Tages. Auch draußen bleiben sie stets unter Aufsicht der Mutter.

und ihren Jungen. In Gebieten mit hoher Populationsdichte bekommen viele junge Füchsinnen gar keinen Nachwuchs. Stattdessen beteiligen sie sich an der Erziehung der Jungen ihrer Schwestern. Es kommt auch vor, daß sich zwei Schwestern einen Bau teilen. Dann wird die Familie größer als üblich. Im allgemeinen aber gibt es unter den erwachsenen Tieren einer Familie nur eine säugende Füchsin.

Es kommt manchmal vor, daß Füchsinnen gesunde Junge zur Welt bringen, die dann jedoch umgehend getötet werden. Die Wissenschaftler sind sich bisher nicht im klaren, welches Familienmitglied die Jungen tötet und kennt auch nicht den Grund dafür. Eine Theorie besagt, daß mehrere Füchsinnen in einer Gruppe nur für den Fall tragend werden, daß der ranghöchsten Füchsin etwas zustoßen könnte. Fest steht, daß die Tötung überzähliger Jungfüchse gleich nach der Geburt die Größe der Gruppe auf einer Zahl hält, für die ausreichend Nahrung vorhanden ist.

Fuchs und Füchsin sind aufmerksame Eltern. Solange die Welpen im Bau bleiben, hat der Fuchs wenig Kontakt zu seinen Kindern. Wenn sie aber draußen sind, betreibt er an ihnen Fellpflege und spielt mit ihnen.

DIE NATUR BEOBACHTEN

WIE FINDET MAN EINEN FUCHSBAU?

- Im späten Winter wurde der Bau, in dem die Jungen geboren werden, neu gegraben oder, falls es sich um einen „Altbau" handelt, einfach nur gereinigt. Man erkennt das an der frischen Erde am Ausgang. Nach der Geburt der Kleinen findet man in der Umgebung des Baus Nahrungsreste, wie Vogelflügel, Kaninchenpfoten oder ganze Mäuse. Der Verwesungsgeruch, der die Fliegen anzieht, kommt auch aus dem Bau.

- Man darf die Familie niemals stören, denn schon bei der kleinsten Bedrohung (Nähe von Menschen oder Hunden) schleppt die Füchsin die Welpen fort. Verhalten Sie sich also ruhig, und setzen Sie sich gegen den Wind weit genug vom Bau entfernt hin.

Starke Schwarzkittel

Obwohl Wildschweine bejagt werden, sind ihre Bestände bei uns außerordentlich hoch. Die kräftigen, angriffslustigen Tiere zeigen keine Furcht und gehen auf jeden los, von dem sie sich bedroht fühlen – ganz gleich, ob Mensch oder Tier.

Wildschweine leben in allen Wäldern Europas. In prähistorischer Zeit wurden sie von den Menschen mit Lanzen und Bogen gejagt. Ihre Knochen und Zähne findet man bei Ausgrabungen in großer Zahl in den Abfällen neben den Feuerstellen.

Für den Ackerbau waren und sind die Wildschweine eine echte Bedrohung. Hinzu kommt, daß die Keiler äußerst aggressiv und gefährlich sind, denn sie bewegen sich sehr schnell, und ihre Hauer können schwere Verletzungen verursachen. Aus diesen Gründen war das Wildschwein eigentlich immer ziemlich unbeliebt und wurde gnadenlos gejagt. Dabei spielten aber nicht nur die Schäden eine Rolle, die die Tiere in der Feldflur verursachten und die die Existenz manch eines Bauern bedrohten, ihr Fleisch ist darüber hinaus ausgesprochen schmackhaft. Das weiß auch heutzutage jedes Kind, denn wer kennt nicht Obelix, den pfiffigen Gallier, der in Frankreich die Tradition der gut zubereiteten Wildschweinbraten begründete!

Im Mittelalter wurde die Wildschweinjagd zum regelrechten Sport. Jahrhundertelang waren Schwarzkittel das Wildbret des Adels und ein sehr wichtiger Bestandteil der großen Bankette. Den Bauern wurde bei Strafe verboten, Wildschweine zu erlegen, auch wenn sie ihre Äcker heimsuchten und die Ernten zerstörten.

ACHTUNG: WILDSCHWEIN!

Wo Wildschweine entlanggegangen sind, hinterlassen sie unübersehbare Spuren. Auf der Nahrungssuche pflügen sie den Boden regelrecht um. Zurück bleiben ihre Hufabdrücke und der charakteristische Geruch nach Maggi. Wildschweine werden relativ häufig von Autos angefahren, die nach einer solchen Kollision meist einen größeren Reparaturbedarf haben. In Gegenden mit relativ hohem Bestand stellen Wildschweine eine echte Gefährdung des Straßenverkehrs dar.

Außer Kraft und Stärke traut man den plump wirkenden Schwarzkitteln eigentlich nicht viel zu, sie sind jedoch außerordentlich klug. Schon der hochentwickelte Geruchs- und Gehörsinn sprechen für erstaunliche Sinnesleistungen. Daneben sind die Tiere wegen ihrer breiten Nahrungspalette sehr anpassungsfähig und im Verhalten flexibel, und oft ganz einfach schlau. So stürzen sich Wildschweine an Maisfeldern keineswegs gleich auf die am Rand stehenden Pflanzen, sondern bahnen sich vorsichtig einen Weg ins Innere des Feldes, um sich dort ungestört in aller Ruhe an den Verzehr der Kolben zu machen. Ältere Keiler umgeben sich gern

Wildschweine sind Allesfresser. Sie vertilgen, was ihnen vors Maul kommt, von Eicheln bis hin zu Aas. Ihr Geruchssinn ist hervorragend ausgebildet. Daher finden die Tiere jede Knolle und jede Frucht im Waldboden, in der Nacht wie am Tag.

KENNKARTE

Das gedrungene und massige Wildschwein lebt in feuchten Laub- und Mischwäldern, Nahrung sucht es aber auch gern auf bewirtschafteten Feldern.

● **NAME**
Deutscher Name: Wildschwein
Wissenschaftlicher Name: *Sus scrofa*

● **GRÖSSE UND GEWICHT**
Kopf-Rumpf-Länge: 100–160 cm,
Keiler größer als die Bache
Schwanz: 15–30 cm; Ohren: 5–10 cm
Gewicht: erwachsene Bache etwa 60 kg,
Keiler 100–130 kg, manchmal auch mehr

● **MERKMALE**
Langer Kopf, kurze, kräftige Beine; dunkles, rauhes Fell, oft mit einem schwarzen Streifen entlang der Wirbelsäule; lange Borsten; nur die Keiler haben mit zunehmendem Alter immer weiter hervortretende Eckzähne (Hauer), wobei sich die oberen aufbiegen und parallel zu den unteren wachsen. Damit verteidigen sich die Keiler.

● **VERHALTEN**
Sehr schnell über kleine Strecken; grummelt und grunzt während des Grabens im Boden zur Nahrungssuche; schwimmt sehr gut

● **NEST**
Große mit Blättern und kleinen Ästen ausgelegte Bodenmulde, der „Wurfkessel"

● **FORTPFLANZUNG**
Paarungszeit meist im Winter; Tragzeit 16 Wochen; im Durchschnitt 4–6 Frischlinge zwischen Februar und Juni

● **JUNGE**
Hell-dunkle Längsstreifung bis zum Alter von 3–5 Monaten (Frischlinge)

● **NAHRUNG**
Eicheln, Kastanien, Früchte, Wurzeln, Schnecken, Würmer und junge Nagetiere; Ackerfrüchte, wie Mais und Kartoffeln

● **STIMME**
Grunzen und tiefes Grummeln; bei Alarm geben sie laute Schreie von sich.

● **LEBENSRAUM**
Wälder und landwirtschaftliche Flächen

● **VERBREITUNG**
Weit verbreitet

● **BESTAND**
Etwa 1,2 Millionen Tiere in Deutschland

● **SPUREN**
Aufgewühlter Boden und verschlammte Suhlen; charakteristischer Kot von etwa 7 cm Länge; breite Hufabdrücke; durchdringender Schweinegeruch

Ein Wildschein werden Sie selten zu Gesicht bekommen, aber seine Spuren können Sie gut erkennen. Die Exkremente sind etwa 7 cm lang.

Wildschweine tragen unter den rauhen Borsten ein dichtes, feines Fell, das die Tiere im Winter in den verschneiten Wäldern ausgezeichnet warm hält. Hausschweine haben so gut wie keine Borsten.

mit Jungtieren, die zum einen viel von ihnen lernen, zum anderen aber auch als erste deckungslose und daher gefährliche Stellen überqueren müssen. Und verblüffend ist, wie gut die pfiffigen Schwarzkittel Fangeisen umgehen können. Auch sonst sind sie kein leichtes Jagdwild. Sie stellen den Jäger vor echte Probleme, es sei denn, er greift zum Mittel der Treibjagd.

Abgesehen vom Menschen haben Wildschweine bei uns keine natürlichen Feinde. Aus diesem Grund, und weil auf den Feldern für sie der Tisch reich gedeckt ist, vermehren sie sich stark.

Junge Wildschweine nennt man Frischlinge. Sie können mit keinem anderen Tier verwechselt werden, denn sie tragen als einzige Säugetiere bei uns auf Rücken und Flanken ein hell-dunkles Streifenkleid. Die Sauen – in der Jägersprache Bachen genannt – können bis zu zwölf Junge pro Wurf haben. Der Durchschnitt liegt bei 4–6. Die Jungen sind nach einem Jahr fortpflanzungsfähig.

NUTZEN FÜR DEN WALD

Es ist richtig, daß Wildschweine auf Feldern und in Pflanzungen beträchtliche Schäden anrichten; im Wald, ihrem eigentlichen Lebensraum, können sie jedoch außerordentlich nützlich sein. Sie vertilgen eine große Zahl von Forstschädlingen, so beispielsweise die Larven von Maikäfern, Nonnen und Kiefernspannern. Außerdem lockern die Tiere durch ihre Wühltätigkeit den Waldboden auf und tragen daher durch Untergraben von Samen zur Verjüngung des Baumbestands bei.

Immer wieder kommt es vor, daß in der Paarungszeit die von den dominanten Keilern verdrängten Konkurrenten sich mit frei laufenden Hausschweinen paaren. Die Mischlinge zeigen jedoch nur geringe Qualitäten und liegen in keiner Weise im Interesse der Züchter. Und nicht nur das: Wildschweine schleppen gefährliche Krankheiten in den Hausschwein-Bestand, was den Schweinehalter vor ernsthafte Probleme stellen kann.

VERHALTEN

Wildschweine gibt es in ganz Europa von Spanien bis nach Finnland und in die Türkei. Auch in Zentralasien und Nordafrika sind sie anzutreffen. Ihr ursprünglicher Lebensraum sind die Laubwälder, aber sie

WUSSTEN SIE DAS SCHON?

Die Natur geht seltsame Wege. Das für uns auf den ersten Blick ungemein auffällige Jugendkleid der Frischlinge ist eine hervorragende Tarnung. Die längs verlaufenden hell-dunklen Streifen lösen im Gewirr der Pflanzen und im Licht und Schatten ihrer Umgebung den Umriß der Tiere auf. Ganz ähnlich ist es bei Zebras.

Wühlen, graben

Wildschweine sind hauptsächlich in der Morgen- und Abenddämmerung aktiv. Dann suchen sie Eicheln, Wurzeln, Schnekken, Würmer, Larven und alles, was sonst noch irgendwie eßbar ist. Wegen ihres eingeschränkten Sehvermögens verlassen sie sich auf ihren hervorragenden Geruchssinn, mit dem sie die Nahrung auch bei Dunkelheit im Waldboden entdecken. Ihr Geschmackssinn ist ebenfalls gut ausgeprägt: Es heißt, sie könnten sogar verschiedene Kartoffelsorten unterscheiden.

Dieses Wildschwein nutzt seine sensible und bewegliche Nase, um Nahrung unter der Oberfläche aufzuspüren.

Mit gesenktem Kopf inspiziert es den Boden, wobei sich die Nase ständig von rechts nach links bewegt.

Auf der Suche nach Würmern, Larven und Baumfrüchten durchwühlen Wildschweine den Waldboden und kehren das Unterste zuoberst. Dabei vertilgen sie viele Forstschädlinge und graben auch Samen unter, die sich zu neuen Bäumen entwickeln.

fallen mittlerweile auch immer häufiger in landwirtschaftliche Nutzflächen ein.

Die Paarhufer sind hauptsächlich nachts oder in der Dämmerung aktiv. Sie sehen nicht gut, haben aber einen hervorragenden Geruchssinn. Mit ihren starken Vorderläufen graben sie Eicheln, Kastanien und anderes Eßbares, das sie mit der Nase erschnuppern, aus dem Boden. Auch Aas verschmähen sie nicht, sie fressen Eier, Schnecken, Würmer und eigentlich alles, was ihnen vor die Nase kommt.

Der Geruchssinn spielt auch in ihrem sozialen Leben eine große Rolle. Mit Duftmarken setzen sie Signale, zum Beispiel an den Reviergrenzen. Keiler beanspruchen ein relativ großes Territorium von etwa fünf Quadratkilometern. Sauen und Frischlinge bewegen sich in einem kleineren Gebiet. Die Ausdehnung des Lebensraums hängt stark vom Nahrungsangebot ab. Bei günstigen Lebensbedingungen halten sich Wildschweine in einem festen Wohngebiet auf.

Eine große Rolle spielt bei den Wildschweinen die Körperpflege. Sie baden viel im Wasser und geben sich mit sichtlichem Vergnügen ausgedehnten Schlammbädern hin. Ihre Schwarte ist nach ausgiebigem Wälzen und Wühlen im Morast von einer dicken Erdkruste überzogen, die Insekten und Schmarotzer fernhält und mit ihren mineralischen und organischen Bestandteilen die Haut der Tiere pflegt.

Wildschweine haben allen Grund, ruhig zu schlafen, denn außer dem Menschen stellen ihnen keine natürlichen Feinde nach. Nur als Jungtiere sind sie gefährdet.

Nach dem Schlammbad scheuern sie sich vor allem an harzigen Bäumen. Auf diese Weise legen sie sich im Schulterbereich einen zusätzlichen dicken Schutzpanzer aus Harz und Erde zu und markieren außerdem ihr Territorium.

Abgesehen von erwachsenen Keilern, die Einzelgänger sind, leben Wildschweine das ganze Jahr über gesellig. Ein oder

Beim Wühlen grunzt und grummelt das Wildschwein ständig. Damit teilt es den anderen mit, wo es ist.

Alles, was auf und im Boden ist, wird ausgegraben, beschnuppert und eventuell gefressen. Auch herumliegendes Aas sowie angeschossenes Wild gehört zur Nahrung des Wildschweins.

Im Herbst sind Falläpfel und anderes Obst eine willkommene Nahrungsergänzung. Dann verdoppeln die Tiere manchmal ihr Körpergewicht innerhalb einiger Wochen – eine gute Reserve für strenge Winter.

MÜTTER UNTER SICH

In der Zeit nach dem „Frischen" zeigen sich die Bachen außerordentlich reizbar und angriffslustig. Sie dulden keine anderen Wildschweine in ihrer Nähe, außer Bachen, die ebenfalls Frischlinge führen. Mit ihnen schließen sie sich häufig zu größeren Rotten zusammen, zu denen aber erst später wieder die Jungen vom Vorjahr stoßen.
Die Säugezeit dauert etwa 10 Wochen, obwohl die Frischlinge bereits im Alter von 2–3 Wochen beginnen, im Boden zu wühlen. Zum Säugen legt sich die Bache auf die Seite und lockt die Jungen mit tiefen Grunzlauten. Die Frischlinge reihen sich am Bauch der Mutter auf, reiben die Zitzenleisten und trinken, bis der Milchfluß aufhört und sich die Mutter erhebt. Ältere Frischlinge verfolgen laut quiekend die Mutter und stoßen so heftig gegen ihren Bauch, daß sie sich schließlich zum Säugen auf die Seite legt. Die Zitzen sind nicht alle gleich ergiebig, so daß es unter Neugeborenen in der ersten Zeit zu Auseinandersetzungen kommt, bis sich eine Rangordnung gebildet hat und jedes Junge seine eigene Zitze besitzt. Bei den Streitereien können sich die Kleinen sogar schon mit ihren bereits wachsenden Eckzähnen verletzen. Die Frischlinge werden 3 Monate gesäugt, dann nehmen sie auch feste Nahrung zu sich.

Jüngere Bachen werfen eine geringere Zahl von Jungen, ältere mehr, höchstens aber zwölf. Gelegentlich übernehmen Bachen Junge aus einem anderen Wurf und führen dann bis zu 16 Frischlinge. In der Rotte sind die Tiere sicher. Wie sich zeigt, hilft man sich auch gerne aus.

Wildschweine sind nicht wasserscheu. Sie suhlen ausgesprochen gern im Schlamm und können durchaus in tieferem Wasser schwimmen. Ihre Nahrung suchen sie daher auch gern in Sumpfgebieten.

mehrere Muttertiere, die Frischlinge und die Jungen vom Vorjahr bilden eine Rotte, die, wenn sie nicht gestört wird, standorttreu ist. Inmitten des Gegrummels und Gegrunzes dieser Gruppen hört man manchmal die schrillen Schreie der Frischlinge, die sich zanken.

Die Keiler tauchen erst wieder in der Paarungszeit zwischen November und Januar bei den Weibchen auf, sie verjagen dann zunächst die einjährigen, bereits geschlechtsreifen Jungtiere, kämpfen anschließend erbittert mit Nebenbuhlern und erobern für sich gleich mehrere Weibchen.

ALLEINERZIEHENDE BACHEN

Etwa vier Monate nach der Paarung werden die Jungen geboren. Sie kommen in einem geräumigen Nest zur Welt, das in der Jägersprache Wurfkessel genannt wird und aus Ästen mit Zweigen und welken Blättern besteht, die die Bache in eine flache Mulde gehäuft hat. Oft mißt dieser Wurfkessel mehr als 2 m im Durchmesser und ist etwa 1 m hoch mit Ästen überdacht. Eine Woche lang bleiben die Jungen im Wurfkessel, dann begleiten sie ihre Mutter auf der Nahrungssuche. Die Keiler beteiligen sich nicht an der Aufzucht. Nach und nach werden die Frischlinge selbständiger und im Alter von 3–4 Monaten abgesetzt. Zu dieser Zeit ist die Rotte, die die Bache zum Werfen verlassen hat, längst wieder zusammen, auch die ein-

Das gedrungene, massig wirkende Wildschwein ist ein sehr gelenkiges und kraftvolles Tier. Wenn es sich verfolgt fühlt, wird es erstaunlich schnell und kann auch recht große Sprünge machen.

Wildschwein-Mütter sind ungemein geduldig. Diese läßt ihren Sprößling auf ihrem Rücken herumkrabbeln.

jährigen Jungtiere sind nun dazu gestoßen. Die Familie ist komplett und bleibt zusammen, bis für die Bachen die Zeit einer neuen Niederkunft kommt.

TÖDLCHE WAFFEN

Erwachsene Keiler können ausgesprochen aggressiv werden, wenn sie sich bedroht fühlen. Als Abwehrzeichen blecken sie dann die Zähne. Eindringlinge müssen jetzt damit rechnen, attackiert zu werden.

Die Waffen des Keilers sind seine Hauer, die rechts und links aus dem Maul ragen. Keiler und Bache haben beide recht wehrhafte Eckzähne, doch die großen Hauer hat nur der Keiler. Sie können bis zu 30 cm lang werden. Die Hauer aus Unter- und Oberkiefer stehen eng beieinander, was ihre Stoßkraft noch verstärkt. Sie bringen Angreifern oft recht tiefe Wunden bei.

Keiler tragen auch untereinander heftige Kämpfe aus. Die Haut am Hals und an der Brust ist dick wie ein Schild, um die lebenswichtigen Organe zu schützen.

In Gefangenschaft können Wildschweine bis zu 20 Jahre alt werden. Wildlebende Tiere erreichen nur ein durchschnittliches Alter von zehn Jahren. Ihre größten natürlichen Feinde sind der Steinadler, der Uhu und der Wolf. Frischlinge sind auch durch Hunde gefährdet. Bei uns brauchen Wildschweine jedoch außer den Jägern niemanden zu fürchten.

In manchen Landstrichen sind die langen kalten Winter für Wildschweine problematisch. Im gefrorenen Boden können sie nicht nach Nahrung graben, so daß viele von ihnen sterben. Betroffen sind meist die Jungen und die ganz alten Tiere. Wenn sie im Wald keine Nahrung mehr finden, weichen die Wildschweine auf die Felder aus und graben Kartoffeln aus oder tun sich an Winterkulturen gütlich.

Eine Woche lang bleiben Bache und Frischlinge nach der Geburt im Wurfkessel. Sobald die Kleinen mitmarschieren können, kehrt die Familie zur Rotte zurück. Dort bleibt die Bache bis zum nächsten Werfen.

DIE NATUR BEOBACHTEN

WO FINDET MAN WILDSCHWEINE

- Am ehesten halten sie sich in Laubwäldern auf. Allerdings sind die Chancen gering, sie dort tagsüber zu sehen. Abends aber kann es sein, daß Ihnen einmal eine Rotte begegnet.
- Gehen Sie auf keinen Fall zu nahe an die Tiere heran, denn sie werden aggressiv, wenn sie sich bedroht fühlen. In Anbetracht ihres hohen Gewichts von bis zu 200 kg, ihrer Schnelligkeit, Wendigkeit und Kraft ist größte Vorsicht geboten.

Bloß nichts liegenlassen!

Dieser 4 Monate alte Frischling, der im Frühjahr zur Welt kam, muß noch einiges über die Rangordnung lernen. Wenn er etwas Schmackhaftes entdeckt hat, tut er gut daran, es einem sich nähernden erwachsenen Wildschwein nicht zu verweigern.

Der Frischling bewahrt kühles Blut. Es gehört schon eine Portion Mut dazu, in Gegenwart eines erwachsenen Wildschweins nach Nahrung zu suchen, denn die Alten pflegen die Jungen einfach von der Nahrungsquelle zu vertreiben.

Der nötige Respekt vor dem Alter ist dann doch noch da. Quiekend vor Angst und Protest flüchtet der Frischling.

Rehe auf einer Lichtung

Scheues Rehwild

Rehe leben meist allein oder in kleinen Gruppen. Sie sind weitverbreitet und ziehen immer näher an unsere Wohngebiete heran. Dort lassen sich die einst scheuen Tiere heute auch ganz ungeniert am Tag beim Äsen auf den Feldern sehen.

Ein stolzes Tier ist der Rehbock mit seinem rotbraunen Fell und dem neuen Geweih, das aus je einer knorrigen „Rose" am Kopf erwächst. Blut am Geweih bezeugt, daß er gerade den letzten Bast abgescheuert hat.

Rotwild und Damwild kann man oft in Wildgehegen beobachten, Rehe dagegen sieht man selten in Gefangenschaft. Das hängt mit ihrem unruhigen Wesen und ihrem Territorialverhalten zusammen. Rehe sind keine Herdentiere: Sie leben allein oder in kleinen Familienverbänden, die sich aus einer Ricke und einem oder zwei Kitzen zusammensetzen. Rehe sind jedoch wesentlich weiter verbreitet als Rotwild und Damwild. Man findet sie in ganz Deutschland – von der Nordsee bis in die Alpen.

Mit einer Schulterhöhe von ungefähr 65 cm sind Rehe kleiner als Rot- und Damwild. Im Sommer erkennt man sie leicht an ihrem sand- bis rotbraunen Fell, das im Winter braungrau wird. Keine andere Hirschart zeigt einen derart ausgeprägten Farbwechsel zwischen Sommer- und Winterfell. Hinzu kommt noch, daß extrem helle und ebenso extrem dunkle Exemplare vorkommen.

Stattliche Erscheinung

Das Fell des Rehwilds ist straff und seidig. Im Winter sind die einzelnen Haare etwa 5,5 cm lang und damit 50 % länger als im Sommer. Im Winterfell wirkt das Tier stämmig und eher kurzbeinig. Um Ostern herum beginnt der Fellwechsel, und im Juni hat das Fell bereits die charakteristische rotbraune Färbung, die den ganzen Sommer über bleibt.

Der Kopf des Rehs ist relativ kurz und klar geformt. Die spitze, schwarze Schnauze kontrastiert mit dem fast weißen Kinn. Rehe sieht man recht häufig auf der Flucht. Das einzige, was man dabei erkennt, ist ein deutlicher weißer Fleck auf dem Hinterteil, der „Spiegel". Der 1–2 cm kurze Schwanz des Rehs ist weiß und auch bei geringerer Entfernung schwer auszumachen, da er sich gegen den weißen Spiegel kaum absetzt.

Junge Böcke tragen ein kurzes spitzes Geweih, das selten länger als 20 cm ist. Im Gegensatz zu anderen Hirscharten wirkt das Geweih des Bocks mit seinen Rillen und knotigen Auswüchsen relativ uneben. Es besteht aus zwei Stangen mit meist je drei glatten Enden. Das Geweih wächst

KENNKARTE

Das Reh gehört zu den Hirschartigen mittlerer Größe. Sein Schwanz ist im Vergleich zu dem anderer Hirscharten sehr klein und verschwindet optisch vor dem ebenfalls weißen Spiegel an seinem Hinterteil. Rehe leben in bewaldeten Gebieten und sind überall in Deutschland vertreten. Die Bestände haben sich stark vermehrt.

● NAME
Deutscher Name: Reh
Wissenschaftlicher Name: *Capreolus capreolus*

● GRÖSSE UND GEWICHT
Schulterhöhe: ca. 65 cm (dazu 30 cm bis zum Kopf)
Gewicht: ausgewachsen bis zu 25 kg

● MERKMALE
Sandfarbenes oder rotbraunes Sommerfell, graubraunes oder schwärzliches Fell im Winter; Schwanz fast nicht sichtbar; am Hinterteil eine rundliche, sehr helle, fast weiße Zone, der sogenannte „Spiegel", der bei jedem Tier unterschiedlich geformt ist; dunkle Schnauze, weißes Kinn; kurzes Geweih mit maximal 3 Enden pro Stange

● VERHALTEN
Lebt normalerweise allein oder in kleinen Familienverbänden; hauptsächlich nachtaktiv, während der Brunft aber auch tagsüber zu beobachten

● NEST
Keines; die Tiere legen sich in der Vegetation auf den Boden und kommen nur selten zweimal an dieselbe Stelle.

● FORTPFLANZUNG
Brunft von Juli bis Ende August und November/Dezember (Nachbrunft); Geburt der Kitze im Mai/Juni des Folgejahres

● JUNGE
Braun mit dunklen Flecken; sehen bereits nach einigen Monaten wie die Alttiere aus

● NAHRUNG
Kräuter, Blätter, Triebe, Beeren, Pilze; nagen an Zweigen und jungen Bäumen; fressen gelegentlich auch Feldfrüchte

● LEBENSRAUM
Lichte, unterwuchsreiche Wälder, Wiesen und Felder, aber selten weit entfernt von schützenden Bäumen; Moore und Heiden; immer häufiger in stadtnahen Waldungen

● VERBREITUNG
Kommt in ganz Deutschland vor

● BESTAND
Etwa 2 Millionen Tiere in Deutschland

● SPUREN
Ovaler schwarzbrauner Kot (Losung), meist zusammengeklumpt

Die Böcke verlieren ihr Geweih im November oder Dezember. Während des Winters wächst das neue Geweih, das von einer samtigen Haut, dem Bast, umgeben ist. Im April wird dieser Bast dann an Bäumen abgescheuert (gefegt), und das neue Geweih erscheint.

Verbreitung

Das ganze Jahr anwesend

Das Reh in Deutschland

aus einer kräftigen wulstigen Basis heraus, der sogenannten Rose.

Die Krone des Rehbocks

Bereits im Herbst seines ersten Lebensjahres setzt der Kitzbock ein knopfartiges Geweih auf, das noch im selben Winter abgeworfen wird. Bald darauf, im Alter von neun Monaten, wächst ein neues, aus zwei spitzen Stangen bestehendes Geweih, und im nächsten Winter zeigt der Bock bereits ein mehrendiges Geweih. Der Geweihwechsel erfolgt jährlich, ist aber kein sicherer Indikator für das Alter des Tieres. Ebensowenig die Größe, da das Geweih klein bleibt. Es wird eher dicker und hängt in seinen Ausmaßen von der Nahrungsqualität ab. Im allgemeinen haben Böcke im Alter von mehr als drei Jahren das dickste Geweih.

Die Böcke verlieren ihr Geweih im Winter, und in den darauf folgenden Wochen wächst ein neues nach. Die neuen Stangen formen sich unter dem sogenannten Bast, der im April abgestreift wird. Dazu reibt der Bock seinen Kopf an Baumstämmen, um sich des samtartigen Überzugs zu entledigen – er fegt. Über Drüsen, die an seinem Kopf sitzen, verteilt er dabei seine Geruchsmarke, eine wichtige Information für die anderen Rehböcke.

Manchmal kommt es zu schwammigen, oft ins Gesicht hängenden Wucherungen der Geweihmasse, einer „Perücke“, die erhalten bleibt. Wahrscheinlich liegen in solchen Fällen Hormonstörungen vor. Bis auf das Ren zeigen alle weiblichen Hirscharten kein Geweih.

Rehe gibt es bei uns schon seit sehr langer Zeit. Während der härtesten Perioden der Eiszeit, in der es kaum noch Wälder gab, waren sie verschwunden und überlebten nur in einigen Rückzugsgebieten. Nachdem sich jedoch das Klima erwärmte, tauchten sie wieder auf. In den neu entstandenen großen Wäldern verfügten die Rehe dann über riesige Territorien.

Rehe sind in ihrem Körperbau gut an das Leben im Laubwald angepaßt. Der elegante, feingliedrige Körper, der sich im Unterholz leicht verbergen läßt, das kurze Geweih, das im Dickicht kein Hindernis darstellt, und die längeren Hinterbeine, die hohe Sprünge über Sträucher und umgestürzte Baumstämme ermöglichen, stellen Anpassungen an ein Leben im Wald dar. In einigen Gebieten Europas waren die Rehwildbestände noch nie so hoch wie heute. Für die Forstwirtschaft gibt das Anlaß zu Sorge, da die Rehe durch Verbiß viele junge Bäume zerstören.

Im Winter wird das Fell des Rehs dunkelgraubraun, während sein „Spiegel“ weiß bleibt. Bei Gefahr stellen sich die hellen Haare manchmal auf, so daß das Tier noch besser sichtbar ist.

In weiten Sprüngen

Sein Appetit auf frische Kräuter lockt das an sich scheue Reh aus dem dunklen Wald auf helle, ungeschützte Lichtungen. Wenn es bei seiner Mahlzeit gestört wird, flüchtet es mit fließenden Bewegungen und in graziösen Sprüngen in den Schutz des Waldes.

Rehe sind zwar schnell, aber nicht ausdauernd. Bei Gefahr flüchten sie mit einem eleganten Sprung über Hindernisse.

Mit seinen langen Läufen wirkt das Reh manchmal etwas überzart, seine Bewegungen aber sind absolut präzise und kraftvoll.

Der traditionelle Lebensraum des Rehwilds sind offene Gebiete mit Waldinseln und Waldrändern. Sie ernähren sich von vielerlei Kräutern und Trieben, fressen aber auch Ackerfrüchte und richten dabei manchmal beträchtliche Schäden an. Niemals entfernen sie sich weit vom Wald oder einem schützenden Dickicht. Dorthin flüchten sie bei Bedrohung oder wenn es zu heiß wird. Das Rehwild bevorzugt Schonungen mit jungen Bäumen und vermehrt sich in diesen Regionen rapide. Hier kommt es manchmal zu Dichten von bis zu 20 Tieren pro Quadratkilometer.

In dem Maße, in dem die Bäume wachsen, wird der Schatten dichter und unterbindet das Wachstum der Pflanzen, die den Rehen als Nahrung dienen. Das zeigt sich besonders deutlich in Nadelbaumschonungen. Wenn die Bäume größer werden, sterben die unteren Äste ab, und den Tieren geht ein wichtiger Teil ihrer Nahrung verloren. Sie meiden daher solche alten Baumbestände. In jungen Beständen dagegen findet man einen hohen Rehwildbestand. Wenn die Bäume ungefähr 20 Jahre alt sind, hat sich der Bestand des Rehwilds etwa um die Hälfte verringert.

▲ Im Alter von zwei Jahren hat der Rehbock ein eigenes Revier, das er so lange wie möglich hält. Ende Mai ist sein Geweih fertig entwickelt. Er reibt dann seinen Kopf an den Bäumen und hinterläßt dabei seine Duftmarke als Revierbegrenzung.

◀ Wenn Schnee die Erde bedeckt, scharren die Rehe mit ihren Hufen den gefrorenen Boden frei, um an Kräuter, Pilze, Efeu und Farne zu gelangen.

FEINSCHMECKER DES WALDES

Das Abfressen der jungen Triebe und Blätter, das sogenannte „Verbeißen", führt bei den betroffenen Bäumen häufig zu Wachstumsstörungen und Mißbildungen (Nestfichten). Aus diesem Grund sehen Förster Bestandserhöhungen beim Rehwild nicht unbedingt gern und bestehen auf einer höheren Abschußquote. Rehe werden jedoch keineswegs nur wegen der Schäden gejagt, die sie im Wald anrichten. Ihr delikates Fleisch wird allenthalben geschätzt und bereichert nach dem Ende der Schonzeit das Angebot der Restaurants.

Rehe sind hauptsächlich dämmerungsaktiv, dabei aber auch flexibel, je nach den Möglichkeiten der Nahrungsbeschaffung. Haben sie gefressen – der Fachmann sagt geäst –, ruhen sie für kurze Zeit und käuen wieder, anschließend grasen sie weiter. Im allgemeinen haben sie innerhalb von 24 Stunden neun aktive Perioden. Beim geringsten Anlaß fühlen sich die scheuen Tiere jedoch gestört und verstecken sich. In der Nähe menschlicher Siedlungen können sie ihre Aktivitäten in der Dämmerung sogar aufgeben und ausschließlich nachts auf Nahrungssuche gehen. Den Tag verbringen sie dann im Schutz des Unterholzes.

Im Sprung sieht man den hellen Spiegel am Hinterteil des Rehs. Er macht das Tier für andere Rehe in der Nähe besser sichtbar.

Immer hellwach

Rehe können nicht von der Sicherheit profitieren, die eine große Herde bietet, in der es viele Tiere gibt, die auf mögliche Gefahren achten. Das Reh muß allein auf sich aufpassen und ist immer hellwach. Sein Geruchssinn ist hoch entwickelt und seine großen Ohren drehen sich ständig hin und her, um das kleinste Geräusch zu erhaschen.

Das Sehvermögen des Rehs ist ausgezeichnet, solange es sich um Objekte handelt, die in Bewegung sind. Unbewegte Objekte kann es schlecht sehen.

Rehe leben meist in kleinen Gruppen, die aus einem Weibchen, der Ricke, und den noch nicht einjährigen Kitzen bestehen. Im Winter bilden zwei oder drei dieser Mutterfamilien „Sprünge" (Rudel), die sich im Frühjahr wieder auflösen. Böcke sind meist einzeln unterwegs. Wenn sie ein Territorium haben, verteidigen sie es von April bis zum Ende des Sommers energisch. Sie leben allein in ihrem Revier und verjagen jeden Eindringling. Die Revierinhaber markieren die Grenzen ihres Territoriums, indem sie Duftmarken an Bäumen verteilen, die für fremde Böcke eine deutliche Information sind. Zu ernsthaften Kämpfen kommt es selten. Böcke ohne eigenes Territorium paaren sich nicht.

Unter günstigen Lebensbedingungen ist ein Revier etwa sieben Hektar groß. In den nördlichen, weniger bewaldeten Gebieten oder in Heideland, wo das Futterangebot geringer ist, sind die Reviere größer und können ohne weiteres das Vier- oder Fünffache betragen. Das Revier bleibt im allgemeinen konstant und wird von demselben Bock jedes Jahr verteidigt oder von siegreichen Konkurrenten übernommen. Im Winter, also außerhalb der Brunftzeit, dehnt der Bock seinen Lebensraum aus.

Embryo im Wartestand

Offensichtlich verteidigen die Ricken kein Revier, dafür bleiben sie in einem festen Familienverband. Stirbt eine Ricke, wird ihr Platz von einer jüngeren Ricke eingenommen. Oft ist das eine ihrer Töchter. Die Aufenthaltsorte der Ricken wechseln ständig, da sie sie nicht wie ein Revier verteidigen. Oft jedoch dringen Ricken in das Revier eines oder mehrerer Böcke ein. Im allgemeinen sind ihre Wohngebiete kleiner als die Reviere der Böcke.

Die Fortpflanzung des Rehwilds ist unter den Hirschen einzigartig. Die Paarung erfolgt im Sommer, die Tragzeit beginnt jedoch erst im Dezember. In der Zwischenzeit ruht die Entwicklung des befruchteten Eis, das sich in der Gebärmutter befindet. Ohne diese Ruhezeit des Eis würde das Kitz etwa sechs Monate nach der Paarung geboren, das wäre mitten im Winter. In dieser Zeit mit schlechtem Wetter und

GUTES ZU JEDER JAHRESZEIT

Rehe haben eine Vorliebe für Blätter und zarte Zweige von Laubbäumen. Ganz besonders sind sie jungen Trieben zugetan. In Nadelwäldern knabbern sie die Zweigspitzen ab. Auf ihrem Speisezettel stehen ebenso Knospen verschiedener Büsche und Sträucher. Aber auch Früchte wie Beeren werden gern gefressen sowie Baumsamen wie Bucheckern oder Eicheln. Auf den Feldern tun sie sich an Feldfrüchten gütlich. Im Winter, wenn es nichts Grünes gibt, verlegen sie sich auf Pilze, Flechten und Farne. Rehe fressen instinktiv die nährstoffreichsten, aber ballaststoffarme Pflanzen und nehmen von nährstoffarmem Pflanzenmaterial, wie Heu oder welken Blättern, nur wenig zu sich.
Seit einigen Jahren sind die Rehe mutiger geworden und immer näher an Wohngebiete herangekommen. In den Gärten locken Blumenknospen und Früchte, eine schöne Auswahl sozusagen auf dem Präsentierteller, wenn der Zugang möglich ist. Zwei oder drei nächtliche Besuche eines Rehs reichen aus, um einen Garten seiner sämtlichen Blüten zu berauben. Auch einen gut sortierten Gemüsegarten wissen die Rehe zu schätzen.

▲ Zum Verdruß der Bauern verwüsten Rehe ab und an die Getreidefelder. Dabei geht es ihnen mehr um das Unkraut als um das Getreide.

► Rehe fressen die unteren Zweige der Bäume aus dem Stand ab, nie auf den Hinterbeinen. Wo sie geäst haben, gibt es keine Triebe mehr. Junge Bäume, deren Stammspitzen abgeknabbert werden, verkrüppeln und sind als Nutzholz nicht mehr verwertbar.

▲ Auf dem Land richten Rehe nachts oft Schäden in Gärten an, ohne daß sie als die Schuldigen erkannt werden. Die Abdrücke ihrer Hufe zwischen den Blumen sind nämlich oft schwer zu identifizieren.

▶ **Meist bringt eine Ricke nur ein Kitz zur Welt, aber es gibt immer wieder Zwillingsgeburten, bei sehr gutem Nahrungsangebot manchmal sogar Drillinge. Die Ricke legt die Kitze einzeln an verschiedenen Orten ab, damit ein Raubtier nicht gleich alle Jungen finden und töten kann.**

▼ **Gerade geborene Kitze werden von der Mutter im hohen Kraut oder Dickicht allein gelassen. Man sollte sie nicht stören, denn die Ricke ist nicht weit und kommt mehrmals am Tag, um das Kitz zu säugen.**

DIE NATUR BEOBACHTEN

WO KANN MAN REHE ENTDECKEN?

- In vielen Wäldern gibt es heute Hochstände, die zur Beobachtung von Wildtieren in Bäumen angelegt wurden (nicht zu verwechseln mit den Hochsitzen der Jäger!).
- Auf Rehe trifft man in fast allen Wäldern, auf Wiesen, die an Waldgebiete angrenzen, manchmal sogar in stadtnahen Parks.
- Am ehesten kann man die Rehe in der Morgen- oder Abenddämmerung beobachten. Dazu postiert man sich in der Nähe eines ihrer Äsungsplätze. Man erkennt sie an Verbißspuren. Am einfachsten ist es, Wiesen an Waldrändern zu beobachten. Tagsüber verharrt das Wild meist im Dickicht.

geringem Nahrungsangebot würde der größte Teil der Kitze verhungern. Durch die „Keimruhe", bei der die Entwicklung des Embryos erst am Ende des Jahres einsetzt, wird das Kitz Mitte Mai bis Juni in einer günstigeren Jahreszeit geboren. Die Rehe bringen ihre Kitze allein und abseits des Rudels zur Welt und werden von da an anderen Rehen gegenüber aggressiv. Oft kehren sie zur Niederkunft jedes Jahr an denselben Ort zurück.

Gefleckte Kitze

Mit seinem dunkelbraunen, weiß getupften Fell ist das Neugeborene perfekt getarnt. Zusätzlich zu diesem Tarnkleid entwickelt das Kitz keinen Eigengeruch und verrät sich so keinem Feind. Bereits nach einigen Stunden öffnet es die Augen, nach einer Woche kann es seiner Mutter folgen, wenn diese zur Äsung geht. 6–8 Wochen wird das Kitz gesäugt, beginnt aber bald selbst Futter zu suchen.

Die weißen Punkte im Fell des Kitzes sind nach sechs Wochen kaum mehr sichtbar und verschwinden beim ersten Fellwechsel im Oktober völlig. Die jungen Rehe wachsen während des folgenden Jahres kontinuierlich. In dieser Zeit kommen ihre ersten Zähne zum Vorschein. Im Alter von etwa 14 Monaten sind sie dann geschlechtsreif. Mit etwa drei Jahren verlassen die jungen Rehe das Gebiet, in dem sie geboren wurden. Die Böcke machen sich oft schon früher auf den Weg, um ein Revier zu suchen. Dabei stoßen sie überall auf Geruchsschranken, und schließlich begnügen sie sich mit einem winzigen Wohngebiet zwischen anderen Territorien, bis sie stark genug sind, einen Revierinhaber zu vertreiben.

Das Leben in freier Wildbahn ist für unser Rehwild noch immer gefährlich. Sein früherer Hauptfeind, der Wolf, ist in Deutschland ausgestorben und erst in jüngerer Zeit im Osten wieder in einigen Exemplaren zugezogen, er bedeutet also kaum Gefahr. Auch Adler gibt es kaum noch. Dafür aber fallen jedes Jahr eine große Anzahl von Rehen Hunden, Füchsen und Autos zum Opfer, ganz zu schweigen von den Jägern. Hinzu kommen Parasiten und Krankheiten. Jungtiere unter einem Jahr sind besonders stark gefährdet – mehr als die Hälfte von ihnen erlebt den ersten Geburtstag nicht. Etwa drei Viertel erreichen das Fortpflanzungsalter nicht, obwohl die mittlere Lebenserwartung bei 2–3 Jahren liegt. Einige Exemplare überleben alle Gefahren und werden sogar bis zu zehn Jahre alt.

Rehe können kurzzeitig eine Spitzengeschwindigkeit von mehr als 30 km in der Stunde erreichen, wenn sie sich bedroht fühlen und fliehen.

Am Dachsbau

Nachdem Anfang der siebziger Jahre des letzten Jahrhunderts die Dachsbestände stark zurückgegangen waren, ist Meister Grimbart mittlerweile wieder fast überall in Deutschland heimisch. Vielleicht lebt eines dieser massigen Tiere sogar ganz in Ihrer Nähe.

Erwachsene Dachse haben außer dem Menschen keine natürlichen Feinde und sind aus diesem Grund keineswegs scheu. Die Spuren ihrer Aktivitäten sind leicht aufzufinden, so daß der Dachs gerade den Anfängern unter den Naturbeobachtern erste Erfolgserlebnisse bescheren kann.

Um diese Tiere beobachten zu können, muß man zunächst ihren Hauptbau ausfindig machen, der im Frühjahr von der Familiengruppe bewohnt wird. Dann sieht man sogar manchmal die Jungen, die einem ein wirklich unvergeßliches Schauspiel liefern. Wenn Sie in der Nähe oder direkt daneben einen weiteren Bau entdecken, muß das keinesfalls bedeuten, daß dieser von einem anderen Dachs bewohnt ist – Dachsbaue sind weitläufig und haben viele Ein- und Ausgänge.

Oft liegen die Dachsbaue an Böschungen oder an Abhängen. Wichtig ist ein gut grabbarer Boden. Die Röhren der Dachsbaue haben einen Durchmesser von etwa 20 cm.

▶ Dachse leben im Wald in weitläufigen Bauen, meist am Rande von Lichtungen. Der bis zu 5 m tiefe Bau hat mehrere Eingänge, die zu den verzweigten unterirdischen Röhren führen.

◀ Wie volkstümlich Grimbart, der Dachs, bei uns ist, davon erzählen unsere Märchen und das bezeugen viele Ortsnamen, wie Dachswangen, Dachsgrund, Dachsberg.

Dachsbaue werden über Jahrzehnte von mehreren Generationen genutzt, und entsprechend größer sind dann auch die Röhren. Kennzeichen eines Dachsbaus ist, daß der Eingang als „Rutschrinne" ausgebaut ist, in der man auch Krallenspuren sehen kann. Der Wohnkessel wird mit trockenem Gras und Laub gepolstert, das regelmäßig ausgewechselt und dann vor dem Bau aufgehäuft wird. Dachse graben ihre Baue selten im offenen Gelände oder im tiefen Wald, sondern eher an Waldlichtungen oder in sonnigen Feldgehölzen in trockenem, sandigem Boden. An den Eingängen zu ihren Bauen haben sie gern eine schützende Vegetation. Oft ist der Eingang hinter Brennesseln oder Holunderbüschen versteckt. Dachse graben ihren Bau auch zwischen Baumwurzeln, unter Felsvorsprüngen oder unter Gebäuden, also überall dort, wo das verschlungene Röhrensystem von oben her gesichert wird.

Wenn Sie einen großen Bau entdeckt haben, müssen Sie noch herausfinden, welche Eingänge benutzt werden. Man erkennt sie zum einen an den Haufen aus Polstermaterial, zum anderen an frisch auf-

MITGEFANGEN – MITGEHANGEN

In den 1960er Jahren wurden zur Bekämpfung der Tollwut Fuchsbaue systematisch begast und dabei auch die Dachse stark in Mitleidenschaft gezogen. Sie mussten in den 1970er Jahren auf die „Rote Liste der gefährdeten Arten" gesetzt werden. Mittlerweile hat sich der Bestand erholt, und es gibt fast überall in Deutschland wieder Dachse.

Im Juni sind die Jungen fast ausgewachsen und haben einen gewaltigen Appetit. Voller Energie klettern sie auf Baumstämme, um unter der Rinde nach schmackhaften Insekten und Larven zu suchen.

SPUREN LESEN

Wenn Sie einen Bau entdeckt haben, sollten Sie die Umgebung nach weiteren Spuren von Aktivitäten der Dachse untersuchen. Trampelpfade, Fußabdrücke und andere Spuren zeigen Ihnen die Orte, die die Tiere nachts aufsuchen.

1 Dachse sind nachtaktiv. Da sie immer wieder die gleichen Wege nehmen, entstehen deutliche breite Trampelpfade in ihrem Revier. Der Eingang zu ihrem Bau gleicht meist einer breiten Rinne.

2 Suchen Sie die Erde um den Bau nach Fährten ab. Die Vorderpfoten des Dachses sind, wenn auch die Fersenballen vollständig mit abgedrückt werden, größer als die Hinterpfoten. Kleinere Abdrücke müssen also nicht unbedingt ein Hinweis auf Junge im Bau sein. Liegt die Eingangsrinne unter einer Wurzel, können Sie eventuell weiße und schwarze lange Haare finden.

3 Dachse benutzen kleine Kuhlen in der Nähe ihres Baus als Latrine. Ihre Exkremente sind breiig bis walzenförmig.

geworfener Erde sowie an frischen oder älteren Fährten. Wenn Sie all diese Hinweise entdeckt haben, müssen Sie nur noch einen geeigneten Platz ausfindig machen, von dem aus Sie den Bau in Ruhe ausgiebig beobachten können.

Dabei sollten Sie drei Kriterien beachten: Der Platz sollte so gelegen sein, daß Sie einen möglichst kurzen Weg durch das Revier des Dachses haben. Dann muß er gegen den Wind gelegen sein. Prüfen Sie genau die Hauptwindrichtung, denn der Geruchssinn ist der am stärksten entwickelte Sinn des Dachses. Der geringste Menschengeruch würde genügen, um den Dachs so zu stören, daß er mehrere Stunden lang in seinem Bau bleibt. Dachse verfügen über eine schier unendliche Geduld.

Denken Sie bloß nicht, daß die Dachse in der Zeit, in der Sie draußen sitzen und gegen Insekten kämpfen, herauskommen würden! Die haben sich einfach für ein paar Stunden schlafen gelegt. Basta. Der ideale Beobachtungsposten sollte also 5–10 m vom Bau entfernt sein. Sie sollten freie Sicht auf alle Eingänge haben, selbst aber versteckt sitzen. Dachse bemerken fremde Silhouetten sofort; setzen Sie sich also hinter einen Busch, oder suchen Sie sich ein Versteck. Am besten klettern Sie auf einen Ast, so streicht Ihr Geruch über den Dachs hinweg. Von dort oben haben Sie einen guten Überblick über den gesamten Bau mit all seinen Zugängen.

Von Mai bis August verlassen Dachse ihren Bau fast nur in der Dämmerung. Ihr Sehvermögen ist mittelmäßig entwickelt, aber ihr Geruchssinn und ihr Gehör sind hervorragend.

SINNVOLLE KLEIDUNG

Denken Sie an praktische Kleidung. Ziehen Sie weiche, warme und dunkle Sachen an. Helle Kleidung leuchtet; gedeckte und dunkle Farben fallen nicht auf. Weiche Kleidung aus Textil hat den Vorteil, daß man keine Geräusche macht. Nylonanoraks zum Beispiel knistern deutlich.

Beim langen Warten kann einem selbst an einem schönen Sommerabend recht kühl werden. Nehmen Sie also warme Kleidung mit. Gefütterte Stiefel, ein Hut und Handschuhe bieten die richtige Isolierung. Die Handschuhe sind wichtig, denn Dachse sehen sehr schnell Ihre hellen Hände, wenn Sie sich bewegen. Benutzen Sie auch kein Deodorant oder Parfüm, kein Haarspray und auch kein Insektenschutzmittel.

◀ Wenn sie den Bau verlassen, putzen sich die erwachsenen Dachse gegenseitig. Diese soziale Aktivität stärkt die Bindung zwischen den Mitgliedern einer Gruppe.

Dachse benutzen gern immer wieder dieselben Pfade, wenn sie von ihrem Bau aus auf Futtersuche gehen. Zwar können sie schwimmen, aber ein Gewässer auf einem umgestürzten Baumstamm zu überqueren ist ihnen doch lieber.

Dachse fressen allein oder im Familienkreis. Sie ernähren sich von Würmern, Schnecken, Insekten, Früchten, Samen, Pilzen und Wurzeln. Ihre Reviere können 40–50 Hektar groß sein.

Am besten beobachtet man Dachse etwa Mitte April, wenn die Jungen das erste Mal aus dem Bau kommen, und Ende Juli, wenn ihr Fell richtig dick und buschig ist. Wählen Sie eine wolkenlose Nacht. Lassen Sie sich von Regen oder Sturm nicht abhalten. Dachse lieben dieses Wetter und bleiben gerade bei bewegter Witterung selten im Bau. Wenn Sie einen längeren Weg durch das Dachsrevier haben, sollten Sie Ihren Anorak in die Hand nehmen, damit Ihnen nicht zu warm wird und der Dachs Sie nicht erschnuppert, wenn Sie an Ihrem Beobachtungsposten ankommen.

Auf die Minute pünktlich

Versuchen Sie, gegen sieben Uhr abends dazusein. Nach einiger Zeit werden Sie herausfinden, wann die Dachse normalerweise ihren Bau verlassen, und Sie sind dann etwas früher oder später da. Anfangs jedoch sollten Sie sich ausreichend Zeit lassen. Dann haben die Vögel genug Zeit, sich zu beruhigen und ihre Warnrufe einzustellen. In der Zwischenzeit beobachten Sie auch andere Tiere: Eichhörnchen, Kaninchen, Füchse, Rehe und auch kleine Mäuse zeigen sich, wenn Sie vollkommen ruhig sitzen. Endlich wird Ihre Geduld dann durch den Anblick des schwarzweißen Kopfes belohnt und durch das tiefe Schnaufen des ersten Dachses, der seine Schnauze aus dem Bau steckt, um die Luft zu prüfen. Dachse schlafen mindestens zwölf Stunden in ihrem Bau und müssen sich erst einmal schlau machen. Sie selbst verhalten sich jetzt absolut ruhig. Wenn Sie nicht allein sind – denken Sie daran, daß jede weitere Person die Chance, einen Dachs zu sehen, verringert –, achten Sie darauf, daß auch die anderen mucksmäuschenstill sind und nicht gleich mit dem Finger auf den ersten Dachs zeigen, der herauskommt.

Mit etwas Glück haben Sie den Dachs nun im Visier. Nach einem kurzen Rundblick beginnt er, sich zu kratzen und zu putzen. Meist folgen dann die anderen Dachse, und vielleicht können Sie beobachten, wie sie gegenseitige Körperpflege betreiben. Das stärkt nicht nur ihre soziale Bindung untereinander, sondern ist auch ganz einfach praktisch, denn ein Artgenosse kann einen an Stellen kratzen, an die man selbst nicht herankommt.

Oft werden Sie auch ein Verhalten bemerken, das der Paarung ähnelt, wenn ein Tier ein anderes besteigt. Aber das ist vielleicht nur ein ausgewachsener Dachs, der einen seiner Mitbewohner mit seinem Duft markiert, der aus einer Drüse zwi-

Anfang April sind die Jungen acht Wochen alt und verlassen zum ersten Mal den Bau. Sie sind sehr verspielt und zanken und streiten sich lange Zeit mit ihren Geschwistern am Eingang des Baus.

◀ Fast das gesamte Wasser, das die Dachse brauchen, liefern ihnen die saftigen Regenwürmer, die sie fressen. In sehr trockenen Sommern trinken sie jedoch auch an kleinen Wasserstellen in der Nähe ihres Baus.

Der Bau ist innen gut mit Blättern, Moos und trockenem Farn ausgepolstert. Das Tier klemmt kleine Bündel des Materials zwischen Vorderpfoten und Kinn und schleppt es im Rückwärtsgang in die Röhre.

schen seinen Hinterläufen kommt. Derselbe Effekt entsteht, wenn ein Dachs sich auf einen anderen legt. Dieses Verhalten garantiert, daß alle Mitglieder einer Gruppe denselben Geruch haben und auf diese Weise leicht zu identifizieren sind.

Mit ein bißchen Glück sehen Sie die Jungen miteinander oder mit den Alten spielen. Diese Spiele, oft Scheinkämpfe, fördern ihre Geschicklichkeit und Schnelligkeit und sind erste Erfahrungen zum Aufbau einer Hierarchie. Endlich werden die Dachse auf Nahrungssuche gehen. Manchmal aber graben die Alten auch oder schleppen Material an, um den Bau neu auszupolstern. In diesen Momenten kann man sie leicht beobachten, denn sie sind von ihrer Tätigkeit völlig in Anspruch genommen.

Dachse benutzen Bäume zum Säubern ihrer erdigen Pfoten und zum Schärfen der Krallen. Sie stellen sich auf und ziehen die Pfoten über die knorrige Baumrinde. Dabei hinterlassen sie parallele Kratzspuren.

Anlocken

Manche Naturfreunde streuen Erdnüsse oder Rosinen in der Nähe des Baus aus, um sicher zu sein, daß die Dachse nicht zu schnell im Unterholz verschwinden. Damit bringt man die Dachse allerdings dazu, sofort zu fressen, wenn sie den Bau verlassen. Interessante Verhaltensweisen, wie Spiele und gegenseitige Fellpflege, finden dann nicht mehr statt. In nicht gestörten Revieren, wo die Dachse selten Fremde sehen, kann der Duft der Erdnüsse sie sogar vertreiben. Baue, die in der Nähe von menschlichen Siedlungen liegen, sind einfacher zu beobachten, denn die Dachse schenken dem Lärm der Umgebung und den Menschen, die auf Wegen an ihnen vorbeigehen, kaum mehr Aufmerksamkeit, weil sie sich im Lauf der Zeit daran gewöhnt haben. Sie ducken sich nur kurz auf den Boden, bis die Gefahr vorüber ist.

Wenn die Tiere im Unterholz verschwunden sind, können Sie gehen, ohne die Dachse zu stören. Sind sie noch in der Nähe, reicht das Knacken eines Zweiges aus, und die Tiere verschwinden blitzschnell in ihren Bau. Seien Sie also sehr vorsichtig und leise, bis Sie das Revier des Dachses verlassen haben.

30 m im Durchmesser und 5 m Tiefe kann ein Dachsbau erreichen. Das Graben ist eine schwere Arbeit, aber Dachse haben kräftige und lange Krallen an den Vorderpfoten. Und wenn sie graben, fliegt die Erde!

DIE NATUR BEOBACHTEN

WAS IST BEI DER BEOBACHTUNG VON DACHSEN ZU BEACHTEN?

Man braucht vier Dinge:

- Erstens ein Fernglas mit möglichst großer Objektivlinse. Die große Linse fängt mehr Licht ein, und Sie werden erstaunt sein, wie gut Sie mit einem starken Fernglas noch in der Dämmerung sehen. Sie können viel leichter die Felsen und die Baumstümpfe erkennen, um die die Dachse spielen.
- Zweitens ein Seifenblasenspiel, mit dem Sie die Windrichtung bestimmen können. Seifenblasen reagieren empfindlich auf die kleinste Brise und folgen dem Wind ein kurzes Stück. Mit diesem einfachen Trick überprüfen Sie leicht, ob sich der Wind gedreht hat und Ihren Geruch an den Bau trägt.
- Drittens: Nehmen Sie ein weiches Kissen mit, auf das Sie sich setzen können. Aber nichts aus Kunststoff, weil das zu sehr rascheln könnte.
- Viertens: Ein wichtiger Ausrüstungsgegenstand ist die Taschenlampe. Normalerweise beobachtet man Dachse im Frühjahr und Sommer etwa 1 Stunde vor Sonnenuntergang. Dennoch kann eine Taschenlampe praktisch sein – beispielsweise auf dem Nachhauseweg.

Einen Dachsbau bewohnen mehrere männliche und weibliche Tiere sowie ein oder zwei Würfe. Die Familienmitglieder halten sich oft in der Nähe des Baus auf oder betreiben gegenseitige Fellpflege, bevor sie auf Nahrungssuche gehen.

Buchenwald im Frühjahr

Im lichten Birkenwald

DIE BÄUME DES WALDES

Laub- und Nadelbäume prägen in weiten Gebieten das Bild unserer Wälder und damit die Landschaft. Im Wechsel der Jahreszeiten erfreuen sie uns mit dem Farbenspiel ihres Blätterkleides.

Unter dem Blätterdach der Laubbäume

Eichen und Hainbuchen, Buchen, Ahorne, Eschen, Ulmen, Birken und Erlen – Laubbäume sind ein wichtiger Teil des Landschaftsbildes. Wenn sich ihre Blätter im Herbst in ein leuchtendes Gelb oder Rotbraun verfärben, setzen sie bezaubernde Akzente.

Laubbäume sind Bäume mit flächig entwickelten Blättern. Sie wachsen vor allem in tieferen Lagen unserer Breiten, in das Gebirge sind nur wenige Arten vorgedrungen, z. B. Rotbuchen und Ahorne, Birken und Ebereschen. Abgesehen von Arten mit immergrünen Blättern – beispielsweise bestimmte Eichenarten aus dem mediterranen Raum wie die Steineiche – werfen die Laubbäume im Herbst ihre Blätter ab. Sie besitzen einen dicken, kräftigen Stamm und eine ausgeprägte Krone. Vom Herbst bis zum Frühjahr befinden sich die jungen Blätter in Knospen, die durch Schuppen geschützt sind. Diese Umhüllung wird im Frühling gesprengt, und die jungen Blätter können sich entfalten.

◀ Die gefiederten Blätter der Roßkastanie gehören zu den ersten, die im Frühling erscheinen.

Blüten und Früchte

Oft sind die Blüten klein und in Kätzchen angeordnet, die gegen Ende des Winters oder am Frühlingsanfang noch vor den Blättern erscheinen. Bei den meisten Arten erfolgt die Bestäubung durch den Wind. Manche Laubbäume, etwa die Roßkastanie, machen hier jedoch eine Ausnahme: Nachdem sich die Blätter entwickelt haben, erscheinen bei ihnen weiße oder rosa Blütenkerzen, die von Insekten bestäubt werden. Häufig gibt es nur männliche oder nur weibliche Blüten; diese befinden sich entweder auf ein und demselben Baum oder auf verschiedenen Bäumen. Die männlichen Blüten gruppieren sich oft zu länglichen, herabhängenden Kätzchen. Die weiblichen Blüten können den männlichen ähneln oder aber viel kleiner sein, vergleichbar mit winzigen Knospen.

In einem Fruchtknoten, der zu einer trockenen oder fleischigen Frucht heranreift, befinden sich die Samen der Laubbäume. Oft sind die Früchte komplex ausgebildet: Manche besitzen eine Art Flügel oder Flugschirm für den Transport mit dem Wind, andere sind dick und fleischig und locken samenfressende Tiere an, die dann die Samen verbreiten.

Eine ganze Reihe von Laubbäumen benötigt tiefe und fruchtbare Böden, die für die Landwirtschaft von großem Wert sind. Im Laufe der Jahrhunderte rodeten die Bauern deshalb große Waldflächen und wandelten sie in Kulturland um. Stets waren die Laubwälder auch Lieferanten von Brenn- und Nutzholz. Zudem lieferten sie wertvolles Hartholz für den Handel. In neuerer Zeit mußten sie jedoch Nadelbäumen Platz machen, deren Holz zwar weicher ist, die aber schneller wachsen.

▼ Manche Laubbäume, z. B. alte Eichen, erreichen eine beeindruckende Größe und einen gewaltigen Stammdurchmesser.

MERKMALE DER LAUBBÄUME

Traubeneiche

Stieleiche

Rotbuche

Hainbuche oder Hagebuche

Bergulme

Esche

Roßkastanie

Eß- oder Edelkastanie

Die Schwarzerle fühlt sich an Wasserläufen wohl. Eine andere Art, die Grau- oder Weißerle, verträgt mehr Trockenheit.

WIE BESTIMMT MAN LAUBBÄUME?

- Die großen Laubbaum-Familien zeigen wesentliche gemeinsame Merkmale, die sie von den Nadelbäumen (Koniferen) unterscheiden.
- Die Krone von Laubbäumen ist im allgemeinen ausladender als die von Nadelbäumen.
- Laubblätter sind groß, ungeteilt, gelappt oder gefiedert.
- Die Silhouette des Baumes kann erheblich zu seiner Identifizierung beitragen, vor allem im Winter.
- Form und Farbe der Knospen im Winter geben nützliche Hinweise zur Bestimmung. Im Herbst variiert die Farbe der Blätter je nach der Art des Baums.
- Eine genaue Betrachtung der verschiedenen Teile des Baumes – Rinde, Blätter, Blüten oder Blütenstände, z.B. Kätzchen, und Früchte – erlaubt eine präzise Bestimmung.
- Die meisten Arten sind an ihrem Laub erkennbar. Esche und Roßkastanie haben beispielsweise gefiederte Blätter.

DIE NATUR BEOBACHTEN

WO FINDET MAN LAUBBÄUME?

Auf Laubbäume trifft man überall in natürlichen oder kultivierten Wäldern, in Parks und Gärten oder entlang der Straßen. Seltener sind sie im Gebirge. Bestimmte Arten haben ganz spezielle Bedürfnisse:

- Rotbuchen mögen keinen zu trockenen Standort. In den Mittelgebirgen und in den mittleren Gebirgsstufen bilden sie mit Fichten und Tannen Mischwälder.
- Die Esche fühlt sich am Wasser wohl.
- Die Hainbuche ist Charakterart der Eichen-Hainbuchen-Mischwälder. Sie braucht mehr Licht und Wärme als die Rotbuche.
- Aufgrund der Ulmenkrankheit, die von einem winzigen Pilz verursacht wird, ist der Ulmenbestand in ganz Europa stark zurückgegangen. Noch gesunde Bäume dienten als Grundlage für die Züchtung neuer Sorten, die gegen die Krankheit resistent sind.

TRAUBENEICHE *Quercus petraea*

Weit verbreitet, ausgenommen in der Mittelmeerregion. Silhouette ähnelt der der Stieleiche: massiver Stamm, ausladende und starke Äste.

Die Traubeneiche ist von Europa bis Kleinasien beheimatet.

● HÖHE
30–40 m

● BLÄTTER
Im Gegensatz zur Stieleiche 2–2,5 cm langer Blattstiel; eng gebuchtet und fast spitz gelappt; oberseits tiefgrün, kahl und glänzend, unterseits graugrün, auf den Adern behaart; ledrig

● BLÜTEN UND FRÜCHTE
Die männlichen Blüten (blaßgrüne, büschelig gehäufte Kätzchen) und die sehr kleinen weiblichen Blüten erscheinen gleichzeitig mit den Blättern; Früchte (Eicheln) traubenförmig in kurzgestielten Fruchtständen

● STANDORT UND VERBREITUNG
Gedeiht in waldartigen Beständen von der Ebene bis in mittlere Gebirgslagen; braucht durchlässige, mäßig trockene Böden in sommertrokkenen, wintermilden Klimalagen; wird bisweilen als Nutz- und Zierholz kultiviert

STIELEICHE *Quercus robur*

Weit verbreitete heimische Eichenart: massiver Stamm, starke, ausladende Äste, breite Krone, graubraune, tief längsgefurchte Borke, eiförmige Knospen

Die Stieleiche ist die bekannteste und am weitesten verbreitete europäische Eiche.

● HÖHE
Bis 40 m

● BLÄTTER
Nur kurz gestielt; nicht sehr tief und abgerundet gelappt; Oberseite glänzend, Unterseite matter, auf den Adern behaart

● BLÜTEN UND FRÜCHTE
Die männlichen Blüten (blaßgrüne, büschelig gehäufte Kätzchen) und die sehr kleinen weiblichen Blüten erscheinen gleichzeitig mit den Blättern; Früchte (Eicheln) in langgestielten schuppigen Fruchtbechern, daher der Name Stieleiche

● STANDORT UND VERBREITUNG
Dominierende und charakteristische Art in bewaldeten Zonen auf tiefgründigen, nährstoffreichen, feuchten Böden; wird oft angepflanzt; häufig in Mitteleuropa von der Norddeutschen Tiefebene bis in den Alpenraum; geht bis auf 1000 m Höhe

ROTBUCHE *Fagus sylvatica*

Weit verbreitet; hoher, weit ausladender Baum mit silbergrauer, glatter Rinde, langen Zweigen und braunen, schlanken und zugespitzten Knospen

Rotbuchen bilden im Tiefland oft Reinbestände.

● HÖHE
Bis 40 m

● BLÄTTER
Oval, ganzrandig, junge Blätter (im Frühjahr) weichseidig behaart, reife Blätter dunkelgrün mit hellgrünen Adern; verfärben sich im Herbst zuerst gelb, dann rotbraun

● BLÜTEN UND FRÜCHTE
Blüten erscheinen gleichzeitig mit den Blättern; männliche Kätzchen lang gestielt in Büscheln hängend, weibliche Blüten klein zu je 2 Köpfchen; jeweils 2 dreikantige Nüsse (Bucheckern) in einem stacheligen Fruchtbecher, der sich in 4 Teilen öffnet

● STANDORT UND VERBREITUNG
Die Rotbuche bevorzugt lockere, nährstoffreiche, gut drainierte Lehmböden. Einer der wichtigsten bestandbildenden Laubbäume Europas; ist in Mitteleuropa von tiefen Lagen bis ins Gebirge in 1600 m Höhe anzutreffen. Ihr Holz dient als Bauholz und für viele andere Zwecke.

HAIN- ODER HAGEBUCHE *Carpinus betulus*

Beliebtes Heckengehölz in Gärten, da die Hainbuche im Winter ihre Blätter behält

Das extrem harte Holz der Hain- oder Hagebuche diente früher zur Herstellung von Räderwerken und anderen Gegenständen, die heute aus Metall gefertigt werden.

● HÖHE
Bis 25 m, oft niedriger

● BLÄTTER
Oval oder breit lanzettlich; haben eine oberflächliche Ähnlichkeit mit den Blättern der Rotbuche, sind aber schmaler und laufen ziemlich spitz zu; sie sind doppelt gesägt und zwischen den Adern leicht gefältelt.

● BLÜTEN UND FRÜCHTE
Die herabhängenden männlichen Kätzchen und weiblichen Blüten erscheinen gleichzeitig mit den Blättern; Früchte in dreilappigen Hüllen in Gruppen beieinandersitzend; herabhängende Fruchtstände bis 8 cm lang

● STANDORT UND VERBREITUNG
Laubmischwälder und Hecken auf tiefgründigen Böden. Der Name Hagebuche erinnert an die Nutzung als Heckenpflanze; auch in Parkanlagen oder Gärten

BERGULME *Ulmus glabra*

Typischer Gebirgsbaum mit weit ausladender Krone, gebogenen Ästen und graubrauner, im Alter längsrissiger Borke

Bergulmen bilden im Gegensatz zu anderen Ulmenarten keine Wurzelsprosse aus.

● HÖHE
Bis 40 m

● BLÄTTER
Bis 16 cm lang; oval, am Rand doppelt gesägt, oberseits sehr rauh, unterseits heller und weich behaart; asymmetrische Basis, verdeckt den Blattstiel fast völlig

● BLÜTEN UND FRÜCHTE
Rötliche Blüten in kleinen Büscheln, sie erscheinen lange vor den Blättern; ovale, rötliche Flügelfrüchte in der Mitte einer hellgrünen Membran, oft in großer Anzahl

● STANDORT UND VERBREITUNG
Laubmischwälder im Hügel- und Bergland; bevorzugt kühlfeuchte Lagen und nährstoffreiche Böden. Die Art ist weniger vom Ulmensterben betroffen. Das Holz ist resistent gegen Feuchtigkeit und Fäulnis.

ESCHE *Fraxinus excelsior*

Wächst an Wasserläufen, aber auch in Gärten und Parks; breite Krone und silbergraue Rinde, die im Alter rissig wird

Das helle Holz der Esche ist begehrtes Möbelholz. Ihre Früchte werden gern von Kleinsäugern und Vögeln wie dem Dompfaff (Gimpel) verzehrt.

● HÖHE
Bis 40 m

● BLÄTTER
Gegenständige, unpaarig gefiederte Blätter mit 4–6 gegenständigen Fiederpaaren, Blättchen lanzettlich, fein gesägt; Blätter 20–35 cm lang; im Herbst hellgelb

● BLÜTEN UND FRÜCHTE
Unscheinbare Blüten, rötlich bis violett, in Rispen, erscheinen bereits vor den Blättern; Früchte als Flügelnüsse (2–5 cm lang) ausgebildet, oft in Büscheln angeordnet

● STANDORT UND VERBREITUNG
Benötigt feuchten Boden und feuchtes Klima, gedeiht an Wasserläufen, in Schluchten; in Laubmischwäldern neben Ahornen und Ulmen; gehört zu den größten heimischen Laubbäumen und ist weit verbreitet

ROSSKASTANIE *Aesculus hippocastanum*

Massiver Stamm mit starken, ausladenden Ästen, Krone abgerundet; graubraune Borke; Ziergehölz, wächst bisweilen auch im Wald

Die Früchte der Roßkastanie sind für den Menschen ungenießbar; früher hat man mit den Kastanien Tiere gefüttert.

● HÖHE
Bis 30 m

● BLÄTTER
Handförmig gefiedert, aus 5–7 großen, kaum gezähnten, lanzettlichen Teilblättern an je einem langen Blattstiel, der im Herbst abfällt und eine hufeisenförmige Narbe zurückläßt

● BLÜTEN UND FRÜCHTE
Blüht im Mai mit 5 weißen oder roten, gelb- oder rotgesprenkelten Kronblättern, bis 30 cm hohe, aufrecht stehende Blütenstände; 1–2 glänzend braune Früchte (Kastanien) in stacheliger, grüner Kapsel

● STANDORT UND VERBREITUNG
Tiefgründige Sand- und Lehmböden; Heimat ist der Balkan, vor allem Griechenland und Albanien; wurde schon Ende des 16. Jh. nach Mitteleuropa gebracht; dient in Parks und an Straßen als Ziergehölz

ESS- ODER EDELKASTANIE *Castanea sativa*

Massiver Stamm mit tief längsgefurchter, graubrauner Borke; eiförmige Knospen

Die Edel- oder Eßkastanie wurde von den Römern nach Mitteleuropa gebracht. Sie verarbeiteten die Früchte zu Mehl.

● HÖHE
Bis 30 m

● BLÄTTER
Länge bis 20 cm, lanzettlich, gezähnt, dunkelgrün, oberseits glänzend mit deutlicher Äderung

● BLÜTEN UND FRÜCHTE
Zur Blütezeit im Juni/Juli verströmt der Baum einen süßlich-faden Duft; cremefarbene männliche Blüten in langen, aufrechten Ähren mit einigen weiblichen Blüten am Grund; Früchte: 1–3 glänzend braune Nüsse (Kastanien, Maroni) in einem stacheligen Fruchtbecher

● STANDORT UND VERBREITUNG
Bevorzugt kalkarme Böden; Herkunft ungewiß (Südeuropa, Nordafrika oder Südwestasien); im Mittelmeerbereich bereits seit langem heimisch; durch die Römer auch in die klimatisch günstigen Weinbaugebiete Mitteleuropas eingeführt

Buchenwald im Herbst

Die Nadelbäume

Forstwirtschaftliche Maßnahmen haben den Anteil der Nadelbäume (Koniferen) an unseren Waldflächen deutlich erhöht und die langsamer wachsenden Laubbäume zurückgedrängt.

Unter jeder verholzten Schuppe des Zapfens verbirgt sich ein Samen. Diese Samen sind eine wertvolle Nahrung für Tiere, denen es gelingt, sie herauszuholen. Anhand des Zapfens kann man die Baumart bestimmen.

Als Nadelhölzer bezeichnet man eine Gruppe vorwiegend immergrüner Bäume und Sträucher, deren Kennzeichen die nadel- oder schuppenförmigen Blätter sind. Im Vergleich zu Laubbäumen besitzen sie einen höheren und geraderen Stamm und ein weicheres Holz. Ihr Geruch ist harzig. Auch in den Blüten unterscheiden sich Nadel- und Laubbäume. Die meisten Nadelhölzer produzieren Pollen und Samen in männlichen und weiblichen Zapfen. Die reifen weiblichen Zapfen verholzen, während die viel kleineren männlichen Zapfen oft eher an Kätzchen erinnern.

KONIFEREN UND MENSCH

Die meisten Nadelbäume entwickeln sich auf kargen, sauren oder nährstoffarmen Böden. Viele wachsen im Gebirge und trotzen auch den härtesten Wintern. Andere Arten vertragen den Wind und die salzhaltige Luft an der Meeresküste. Diese Fähigkeit, auch unter extremen Bedingungen zu gedeihen, und ihr rasches Wachstum sind die Gründe für den Einsatz der Nadelbäume in der Forstwirtschaft. Das weiche Holz der Koniferen ist als Bau- und Nutzholz begehrt. Genutzt werden ebenfalls die in Stämmen und Nadeln gebildeten Harze (Terpentin) sowie andere Pflanzenteile. In der Landschaftsgestaltung schätzt man die Nadelgehölze wegen ihrer Form und der immergrünen Blätter in den vielfältigsten Nuancen.

Der häufigste Nadelbaum Mitteleuropas ist die Fichte, da sie im 18. Jh. gezielt aufgeforstet wurde; sie wächst natürlicherweise in den Alpen und Mittelgebirgen zusammen mit Tannen und Buchen. Auf sandigen Böden wird sie von der Waldkiefer verdrängt; dort gedeiht auch der Wacholder. Sehr langlebig ist die Eibe, sie kann älter als tausend Jahre werden. Weitere Nadelbaumarten sind Lärche, Latsche und Zirbelkiefer (Alpen).

Waldkiefern sind ein wichtiger Teil des Ökosystems Wald. In den abgestorbenen Ästen alter Bäume finden viele Tiere Unterschlupf oder natürliche Nistmöglichkeiten. Dies ist bei Bäumen in gleichaltrigen Schonungen nicht gegeben.

In zahlreichen Wäldern wachsen Waldkiefern mit anderen Arten vergesellschaftet. Die Wälder erhalten dadurch bisweilen ein heterogenes Aussehen. Im Winter bieten die Nadelbäume durch die benadelte Krone einen geschützten Unterstand.

MERKMALE DER NADELBÄUME

WIE BESTIMMT MAN NADELBÄUME?

- Achten Sie auf die Blätter: Sind sie abgeflacht und bürstenförmig oder stehen die Nadeln in Büscheln, Rosetten oder Bündeln?
- Betrachten Sie die Form der Zapfen: Sind sie hängend oder aufrecht stehend?
- Die häufigsten Nadelbaumarten in unseren Wäldern sind Kiefer, Fichte und Tanne.
- Die langen Nadeln der Kiefern sind zu Büscheln von je 2–5 Nadeln zusammengefaßt, während sie bei den Lärchen in Rosetten stehen. Die weiblichen Zapfen der Kiefern sind stark verholzt und mit vorspringenden Schuppen versehen.
- Die kurzen Nadeln der Fichte stehen einzeln und dicht schraubig um die Zweige. Abgefallene Nadeln hinterlassen kleine vorspringende Narben. Die spindelförmigen weiblichen Zapfen hängen nach unten.
- Die kurzen Nadeln der Tanne sind um die Zweige angeordnet und hinterlassen beim Ausfallen eine kleine runde und flache Narbe. Die weiblichen Zapfen stehen aufrecht.

In jüngeren Nadelbaumschonungen dringt Licht bis zum Boden und ermöglicht eine reiche Krautschicht, in der zahlreiche Insekten und kleine Säugetiere Zuflucht finden. Im Hochwald erhält der Krautbereich wenig Licht, deshalb ist die Fauna und Flora des Unterholzes dort artenarm.

DIE NATUR BEOBACHTEN

WO FINDET MAN NADELBÄUME?

Als für Mitteleuropa repräsentative Nadelbaumarten seien hier erwähnt:

- **Die Waldkiefer** ist vor allem auf Lehm-, Sand- oder Torfböden anzutreffen. Verbreitungsschwerpunkt bei uns sind Nordost- und Südostdeutschland.
- **Die Fichte** ist typisch für die Mittelgebirge, in den Alpen geht sie bis in 1600 m Höhe.
- **Der Europäischen Lärche** kann man in den Alpen begegnen.
- Die **Tanne** oder **Weißtanne** bevorzugt Höhenlagen von 400–1000 m.
- Der **Wacholder** ist typisch für Magerrasen und Zwergstrauchheiden (z.B. Lüneburger Heide).

WALDKIEFER *Pinus sylvestris*

Bekannteste Kiefernart, wird auch als Gemeine Kiefer oder Föhre bezeichnet; sie besitzt eine ausladende Krone (beim jungen Baum kegelförmig), im oberen Stammbereich eine orangerote Rinde mit schuppiger Borke und blaugrüne, meist gedrehte Nadeln. Sie ist von allen Kiefernarten am weitesten verbreitet.

- HÖHE
Bis 40 m

- NADELN
Paarweise gruppiert in gräulicher Scheide; 3–7 cm lang, gedreht, blaugrün

- ZAPFEN
Männliche Blüten 10 mm lang in Trauben an den jungen Trieben, glatt und gelblich, fallen rasch ab und setzen am Ende des Frühlings die Samen frei; weibliche Blütenstände rot, reifen zu grünen, dann zu hellbraunen Zapfen heran, diese sind 3–6 cm lang, hängend, fast symmetrisch und eiförmig; nach 3 Jahren fallen die dunkelbraunen holzigen Zapfen ab.

Im Rahmen von Aufforstungen ehemaliger Kulturlandschaften pflanzte man oft ganze Wälder der auch unter ungünstigen klimatischen Bedingungen gut gedeihenden Waldkiefer an.

- STANDORT UND VERBREITUNG
Gedeiht auf mäßig trockenen bis feuchten Böden; verträgt winterkaltes Klima; kommt vom Tiefland bis in 1600 m Höhe in den Alpen vor; flächenmäßiger Anteil der Kiefer am Wald bei uns etwa 25 %

FICHTE *Picea abies*

Säulenförmiger Wuchs, Äste regelmäßig um den Stamm angeordnet, obere aufrecht, untere hängend; jüngere Bäume mit rostbrauner Rinde; blättert später in bräunlich violetten Schuppen ab

Die Fichte besitzt einen flachen Wurzelteller und ist daher stark windbruchgefährdet.

● **HÖHE**
Bis 50 m

● **NADELN**
Sind dicht schraubig um die Zweige angeordnet und stehen auf einem kleinen Stiel, der nach dem Abfallen der Nadel am Zweig bleibt; steif, stechend; 10–25 mm lang, dunkelgrün, vierkantig

● **ZAPFEN**
Männliche Zapfen in Trauben, 10 mm lang, setzen im Frühjahr die Samen frei; weibliche Zapfen 10–18 cm lang, hängend, zylindrisch, oft leicht gebogen, grünlich, nach dem Reifen hellbraun, zerfallen nicht im Gegensatz zu den Tannenzapfen

● **STANDORT UND VERBREITUNG**
Braucht mittel- bis tiefgründige Böden, gedeiht natürlich in den Alpen bis in ca. 1600 m Höhe und in den Mittelgebirgen; wurde und wird als schnell wachsender Nutzholzlieferant in vielen Regionen von der Forstverwaltung angepflanzt; junge Bäume werden als Weihnachtsbäume geschlagen

LÄRCHE *Larix decidua*

Sommergrüner Baum von elegantem, kegelförmigem Wuchs mit herabhängenden Ästen und Zweigen und einer zunächst glatten, grauen Rinde, die im Alter immer rissiger und rötlicher wird; eine unserer schönsten Koniferen, deren im Frühjahr apfelgrüne Nadeln sich im Herbst intensiv goldgelb verfärben

Die Lärche ist die einzige einheimische Konifere, die ihre Nadeln im Herbst abwirft. Alle anderen Nadelbäume sind immergrün.

● **HÖHE**
Bis 40 m

● **NADELN**
An Langtrieben spiralig stehend, an Kurztrieben in dichten, rosettig angeordneten Büscheln; 20–30 mm lang, stumpf oder kurz zugespitzt, nadelförmig, weich, unterseits mit heller, erhabener Mittelrippe, hellgrün

● **ZAPFEN**
Männliche Zapfen 5–10 mm lang, setzen die Samen im Frühling frei; weibliche Zapfen 2–3,5 cm lang, aufrecht stehend, eiförmig und vorne abgerundet, bereits im ersten Jahr reif; erst rötlich, reife Zapfen dann hellbraun mit verholzten, bisweilen vorstehenden Schuppen; leere Zapfen nicht abfallend

● **STANDORT UND VERBREITUNG**
Braucht nährstoffreiche, gut drainierte und durchlüftete, mittel- bis tiefgründige Böden in winterkalter, sonniger Klimalage; kommt in Mitteleuropa im Flachland (dort angepflanzt) sowie in den Alpen bis in Höhen von 2400 m vor (Unterart Alpenlärche)

EIBE *Taxus baccata*

Immergrüner Baum mit dicht verzweigter, ausladender Krone, massivem Stamm, schuppiger, rotbrauner Borke und roten Früchten. Eiben können über 1000 Jahre alt werden.

Die roten Scheinbeeren der Eibe werden von Vögeln und Kleinsäugern gefressen. Sie tragen dadurch zur Verbreitung der Eibe bei.

● **HÖHE**
Bis 20 m

● **NADELN**
Meist streng gescheitelt und sichelförmig gebogen am Zweig; 2–2,5 mm breit, 10–30 mm lang, biegsam, abgeflacht, glänzend dunkelgrün, unterseits matter

● **ZAPFEN**
Männliche Blüten zahlreich in Trauben, 3–4 mm lang, gelblich, setzen zu Anfang des Frühlings die Samen frei; keine weiblichen Zapfen, sondern Scheinbeeren mit einem roten fleischigen Samenmantel, der den giftigen blaubraunen Samen umschließt; werden zu Ende des Sommers und im Herbst sichtbar; Samenmantel etwa 1 cm im Durchmesser

● **STANDORT UND VERBREITUNG**
Wächst auf lockeren, nährstoffreichen und tiefgründigen Böden in feuchten Klimalagen; braucht gut drainierten Boden; gern in Schluchtwäldern und unter lichten bis schattigen Laubwäldern; geht in den Alpen bis in 1500 m Höhe; wird oft in Hainen angepflanzt

WACHOLDER *Juniperus communis*

Kleiner Baum oder Strauch mit dichten Nadeln von unterschiedlicher Größe und Gestalt; die graubraune Rinde löst sich in Streifen ab; mag es sonnig, ist aber ansonsten genügsam; männliche Blüten und weibliche Beerenzapfen wachsen auf unterschiedlichen Pflanzen. Der Wacholder ist in Deutschland geschützt.

Die Beeren des Wacholders werden als Küchengewürz und zur Herstellung von Gin verwendet.

● HÖHE
Ausladender oder säulenförmiger Strauch oder Busch, bis 10 m

● NADELN
In Dreierwirteln stehend; 1–2 cm lang, steif, sehr spitz, dunkelgrün, oberseits mit helleren Streifen

● ZAPFEN
Männliche Blüten 4–5 mm lang, setzen im Frühjahr die Samen frei; weibliche Beerenzapfen kugelförmig, 3–6 cm groß, im 1. Jahr grün, im 2. Jahr reif und schwarzblau oder schwarz, bereift, umschließen den Samen

● STANDORT UND VERBREITUNG
Braucht basische, karbonatreiche, nährstoffarme Böden; lichtbedürftig; seine Ausbreitung wurde durch Schafbeweidung gefördert, weil konkurrierende Pflanzen beseitigt wurden; kommt in Europa, Asien, Nordamerika und Nordafrika vor; weit verbreitet vom nördlichen Tiefland bis in die Alpen (3500 m)

RIESENLEBENSBAUM *Thuja plicata*

Schlanke Krone in Form einer engen Spirale und ausgestellte Äste, die sich bei älteren Bäumen drehen; die rotbraune Rinde ist über die ganze Länge gefurcht. Da die Bäume stark ausschlagen, eignen sie sich gut als Heckengehölz.

Wegen seiner holzigen, wasserabstoßenden Fasern nutzt man den Baum zur Herstellung dünner Platten, z. B. für Holzschindeln.

● HÖHE
Bis 50 m

● NADELN
Schuppenförmig, in vier Längsreihen stehend; 3–6 mm lang, stumpf, unterseits etwas heller, duften zerrieben aromatisch

● ZAPFEN
Männliche Blüten 2 mm lang, gelblich bis dunkelbraun, setzen die Samen im Frühling frei; weibliche Zapfen mehr oder weniger aufrecht, 15–20 mm lang, eiförmig mit 8–12 hellbraunen, elastischen Schuppen, überlappend und in einem gekrümmten Dorn endend; Samen oval, reifen schon im 1. Jahr

● STANDORT UND VERBREITUNG
Braucht tiefgründige, feuchte Böden; im Nordwesten Nordamerikas beheimatet; wird bei uns vor allem als Parkgehölz und wegen seines wertvollen Holzes als Nutzholz angepflanzt

WEISSTANNE *Abies alba*

Eleganter Baum mit kegelförmiger, bei älteren Bäumen mit gerundeter Krone; freistehende Bäume bis fast zum Boden beastet; hellbraune bis silbergraue Schuppenborke

Die Tanne oder Weißtanne kommt bei uns in den Gebirgen und Mittelgebirgen vor. Von der Fichte unterscheidet sie sich vor allem durch die aufrecht stehenden Zapfen.

● HÖHE
30–50 m

● NADELN
Schraubig angeordnet, abgeflacht; deutlich in einer Ebene gescheitelt; 2–2,5 mm breit, bis 3 cm lang, am Ende stumpf oder ausgerandet, oberseits dunkelgrün, unterseits mit 2 silberweißen Bändern

● ZAPFEN
Blüten nur im oberen Kronenbereich; männliche Zapfen 6 mm breit, gelblich, setzen zu Anfang des Frühlings die Samen frei; weibliche Zapfen stets auf der Zweigoberseite, reif 8–15 cm lang, vorne abgerundet; zerfallen nach der Reife

● STANDORT UND VERBREITUNG
Braucht mittel- bis tiefgründige, nährstoffreiche, gut drainierte Böden in niederschlagsreichem, sommerwarmem Klima; vorwiegend in Höhen von 400–1000 m

SITKAFICHTE *Picea sitchensis*

Dichte Krone, regelmäßig verteilte, geschwungene Äste und schuppige, ins Graue oder Violette gehende Rinde; sehr schnellwüchsig und deshalb ein wichtiger Nutzholzlieferant

Die Sitkafichte stellt keine besonderen Ansprüche an den Boden. Sie gedeiht auch in sandigen, windigen Lagen.

● HÖHE
Bis 60 m

● NADELN
Auf bleibenden Vorsprüngen schraubig um die Zweige angeordnet; 15–25 mm lang, steif, abgeflacht, sehr spitz, dunkelgrün mit zwei helleren Streifen oberseits

● ZAPFEN
Männliche Zapfen in Trauben, 10 mm lang, gelblich, setzen die Samen im Frühling frei; weibliche Zapfen hängend, 6–10 cm lang, eiförmig, rötlich, reife Zapfen gelbbraun, reif bereits im 1. Jahr

● STANDORT UND VERBREITUNG
Im Westen Nordamerikas beheimatet (Sitka hieß im 18. und 19. Jh. die Hauptstadt Alaskas, als der US-Bundesstaat noch zu Russland gehörte), werden Sitkafichten weitgehend als Lieferant für Nutzholz und Papierbrei angepflanzt. Sie wachsen auf nährstoffarmen, feuchten (auch nassen) oder sandigen Böden. Sie gelten heute als wichtige Art für die Aufforstung, da sie sehr genügsam sind.

DOUGLASIE *Pseudotsuga menziesii*

Hoch, mit kegelförmiger Krone, Äste unregelmäßig angeordnet und im unteren Stammbereich hängend; dicke, korkige Schuppenborke in rötlichem Braun; charakteristische Zapfen mit dreizipfligen Deckschuppen

Die dicke, rissige Borke der Douglasie oder Douglastanne wird gerne von Moosen und Flechten besiedelt.

● HÖHE
Bis 60 m

● NADELN
Schraubig angeordnet, dicht stehend, mehr oder weniger deutlich gescheitelt; 20–35 mm lang, 1–1,5 mm breit, stumpf, weich, dunkelgrün, duften beim Zerreiben nach Orange; fallen einzeln ab, Narben nach dem Abfallen der Nadeln hervorstehend

● ZAPFEN
Männliche Zapfen in Trauben in Blattachseln, als Knospe rötlich, später gelb, setzen im Frühjahr die Samen frei; weibliche Zapfen hängend, 5–10 cm lang, eiförmig, braun, bei der Reife intakt mit holzigen, vorspringenden Schuppen; die Samen reifen im 1. Jahr.

● STANDORT UND VERBREITUNG
Im Westen Nordamerikas heimisch; wird wegen ihrer guten Holzeigenschaften als Ziergehölz angepflanzt und auch bei uns forstmäßig angebaut; braucht feuchten, tiefgründigen Boden

DREHKIEFER *Pinus contorta*

Der Baum mit dem langgestreckten, geraden Stamm kommt aus dem Westen Nordamerikas. Seine Zapfen können lange geschlossen bleiben; sie öffnen sich erst bei sehr hohen Temperaturen, wie sie z. B. bei einem Waldbrand entstehen, und setzen dann die Samen frei.

Zum Schutz gegen Schädlinge werden die Drehkiefern oft mit Insektiziden besprüht.

● HÖHE
3–25 m, Stamm gerade oder kurz und gekrümmt

● NADELN
Stets paarweise in einer Scheide an Kurztrieben; 3–7 cm lang, steif, gedreht (Name!), rechtwinklig abstehend, grün, im reiferen Alter orange oder braun, Rand fein gesägt

● ZAPFEN
Männliche Zapfen 10 mm lang, in Trauben an den jungen Trieben, zart, gelblich, setzen am Ende des Frühlings die Samen frei; weibliche Zapfen hängend, 2–6 cm lang, asymmetrisch, sehr holzig, länglich-eiförmig, erst rötlich, im 2. Jahr reifend, dann gelbbraun, am Ende jeder Schuppe mit einer Art Dorn versehen

● STANDORT UND VERBREITUNG
In Küstennähe nährstoffarme Böden, im Gebirge mittel- bis tiefgründige Böden; heimisch im Westen Nordamerikas von Kanada bis Nordmexiko; wird in Europa seit Anfang des 20. Jh. forstlich angebaut

Alter Kiefernwald im Nebel
bei Sonnenaufgang

Der Wald bei Nacht

Wenn die Aktivitäten des Tages abklingen und die Nacht anbricht, erwacht im Wald ein zweites Leben. Kreischlaute, süße Düfte, fast lautlos schwebende und seltsame huschende Wesen erstaunen den unerschrockenen Beobachter.

Mit Einbruch der Nacht verstummt das Dämmerungskonzert, und der melodiöse Gesang von Rotkehlchen und Singdrossel wird abgelöst durch die Schreie und dumpfen Flügelschläge der Fasane, die sich zum Schlafen auf einen Baum setzen. Die letzten rauhen und durchdringenden Schreie der Eichelhäher ertönen – jetzt kommt die Zeit des Käuzchens.

Der Waldkauz, ein ausgesprochener Waldbewohner, ist ein erstklassiger Jäger, der es auf Vögel und kleine, nachtaktive Säugetiere abgesehen hat. Tagsüber bleibt er am liebsten im mit Efeu bedeckten Geäst großer Bäume. Um nicht aufzufallen, kann er stundenlang absolut unbeweglich dasitzen.

In der Dämmerung

Bei Einbruch der Nacht verlassen die Eulen ihren Ruheplatz, auf dem sie den Tag bewegungslos verbrachten, und gehen auf Nahrungssuche. Dabei kommt es vor, daß sie von kleinen Vögeln angegriffen („gehaßt") werden. Solange noch ein Rest Tageslicht über dem Wald liegt, sind die kleinen Vögel mutig und profitieren davon, daß sie ihren Feind noch sehen und schnell fliehen können. Bei Dunkelheit ist dann die Eule im Vorteil, denn sie sieht nachts perfekt und hat ein ungemein feines Gehör. Jetzt ist es umgekehrt: Die kleinen Vögel verstecken sich, um zu schlafen und um ihren Krallen zu entgehen.

◀ Im Dunkel der Nacht und im Schutz des Gebüschs läßt die Nachtigall ihr leidenschaftliches Lied erklingen. Oft scheint es, als könne sie kein Ende finden.

In den ersten beiden Lebensmonaten folgen die Kitze ihrer Mutter. Sobald sie ein Jahr alt sind, sind sie selbständig und gehen nachts allein auf Nahrungssuche.

Wenn die Sonne untergegangen ist, suchen die tagaktiven Tiere ihre Ruheplätze auf. Jetzt kommt die Zeit der Nachttiere. Auf den ersten Blick denkt man, es ist ganz still, aber bei näherer Beobachtung bemerkt man eine Vielzahl von Aktivitäten.

Zur Geisterstunde läßt der Waldkauz sein klagendes „Huhu", ein heiseres Lachen oder wildes Fauchen ertönen. Lautlos streicht er durch den Wald und packt seine Beute.

Nur ein Vogel singt auch tief in der Nacht. Aus dichtem Gebüsch ertönt das schluchzende, seelenvolle Lied der Nachtigall. Aber dieser unscheinbare Vogel mit der schmelzenden Stimme ist recht selten geworden. Er braucht Laubwälder mit einer gut entwickelten Strauchschicht und dichte Busch- und Heckenlandschaften, die bei uns größtenteils landwirtschaftlichen Flächen weichen mußten. Und vielerorts ist es der Nachtigall bei uns auch zu kalt.

Geschärfte Sinne

Der Mensch ist eigentlich kein Nachtschwärmer. Je dunkler es wird, desto schlechter sehen wir. Doch unsere anderen Sinne werden schärfer. Im Schweigen der Nacht hören wir die feinen Rufe der Spitzmäuse, die durchs Gras huschen, und das Rascheln der Rötelmäuse und Haselmäuse, die über das Laub auf dem Waldboden trippeln. In warmen Sommern lassen die Grillen ihr Zirpen manchmal die ganze Nacht lang ertönen.

Oft hört man im nächtlichen Wald das Schmatzen der Igel, die auf der Jagd nach Wirbellosen sind. Doch selbst diese Tiere mit ihrem wehrhaften Stachelkleid sind im nächtlichen Wald nicht sicher. In der Dämmerung verläßt Grimbart, der Dachs, seinen Bau und geht auf die Suche nach Pflanzen und Kleintieren. Mit seinen langen Krallen und den kräftigen Pfoten gehört er zu den wenigen Jägern, die dem stacheligen Igel gefährlich werden können.

Leuchtende Augen

Bei den nachtaktiven Tieren erfordern so wichtige Bedürfnisse wie Nahrungssuche, Orientierung und Verständigung untereinander spezielle Anpassungen. Die meisten Waldtiere – und ganz besonders die Jäger unter ihnen – haben ein hervorragendes Sehvermögen. Ein spezielles Gewebe im Auge, das Tapetum lucidum, reflektiert das einfallende Licht und wirft es auf die Netzhaut zurück. Damit erfaßt das Auge die Lichtquelle doppelt so hell, wie sie eigentlich ist. Dieses Gewebe ist bei vielen nachtaktiven Tieren deutlich zu sehen, wenn man die Augen des Tieres versehentlich mit einer Lampe anleuchtet oder wenn sie von einem Autoscheinwerfer erfaßt werden.

Auch für potenzielle Beutetiere ist ein ausgezeichnetes Sehvermögen von größter Wichtigkeit. Kaninchen beispielsweise haben eine hervorragende Sehfähigkeit und nehmen kleinste Bewegungen wahr. Das hilft ihnen zwar wenig bei der Suche nach den Pflanzen, von denen sie sich ernähren, umso mehr jedoch in Kombination mit ihrem sehr guten Gehör und ihrem ausgeprägten

FLEDERMÄUSE

Nachtaktive Insekten ziehen Fledermäuse an. Im Schutz der Wälder leben noch einige Fledermausarten. Schmalflügelige Arten wie unser Abendsegler brauchen einen offenen Flugraum. Sie jagen meist über den Baumwipfeln und über freien Flächen. Breitflügelige Fledermäuse bewegen sich sehr geschickt zwischen den Bäumen und jagen Insekten über niedrigen Sträuchern und Buschwerk. An Flüssen und Wasserstellen erwartet die Fledermäuse ein gedeckter Tisch. Hier gibt es Insekten in Hülle und Fülle, und auch ihren Durst können sie stillen. Fledermäuse haben einen hohen Wasserbedarf und trinken im Flug, indem sie kurz die Wasseroberfläche berühren, den Mund eintauchen und wieder hochfliegen. Sie haben eine erstaunliche Jagdmethode entwickelt, um im Dunkeln Insekten zu fangen: Sie orten diese durch Echopeilung. Laufend stoßen sie dazu hochfrequente Klicklaute aus, die von Objekten zurückgeworfen werden. Mit diesem Sonarsystem navigieren sie auch im Wald.

Das Braune Langohr ist ein wahrer Luftakrobat. Beim Überfliegen der Baumkronen entdeckt und fängt es Insekten, die auf einem Ast sitzen.

Helles Pfeifen und Fauchen verrät den aufgewachten Siebenschläfer. Die Schnurrhaare hat er weit vorgestreckt, wenn er sich durchs Geäst tastet.

◀ Der Steinkauz fliegt eine Sitzwarte an. Der geschickte Jäger sucht sich einen hohen Ausguck, um den Boden von dort aus nach kleinen Beutetieren abzusuchen.

▲ Ein Igel bahnt sich seinen Weg über eine dichte Laubschicht am Waldboden. Dabei hält er Ausschau nach seiner bevorzugten Beute – Käfern, Schnecken und Würmern.

◀ Die großen Augen der Waldmaus sind eine Anpassung an ihre nächtliche Lebensweise. Sie ist stets auf der Hut vor dem Waldkauz.

Geruchssinn bei der Entdeckung möglicher Feinde. Wer rechtzeitig die Flucht ergreifen kann, hat die besseren Überlebenschancen.

Bei vielen Tieren spielt das Sehvermögen auch eine wichtige Rolle bei der Verständigung untereinander. Nachts sieht man Kontrastfarben gut. Bei den geselligen nachtaktiven Säugetieren dienen Kontraste am Kopf, wie die drei weißen Bänder beim Dachs, der Identifizierung durch Artgenossen.

Das Gehör ist von großer Bedeutung für nachtaktive Tiere, die sich damit in der tiefen Dunkelheit des Waldes verständigen müssen. Die Laute nachtaktiver Waldtiere beschränken sich auf ein plötzliches Gekreische und gelegentliche kurze Schreie. Für einige Tiere ist dieses Gekreische notwendig, um einen Partner zu finden oder um Reviergrenzen zu sichern. So ist das einsame Jaulen des Fuchses in der Fortpflanzungszeit in ruhigen Nächten weithin zu hören. In Buchenwäldern kann man seltsame Töne vernehmen, wie das ansteigende helle Pfeifen und Wimmern des Siebenschläfers. Auch Vögel verständigen sich mit Lauten. Besonders im Frühjahr gehört der Ruf des Waldschnepfen-Männchens, das sein Gebiet überfliegt, zu den typischen Geräuschen der Nacht. Wenn diese angebrochen ist, hört man in der Brunftzeit das Röhren der Hirsche, und ab und an überrascht den Naturfreund das helle Gebell eines Rehbocks.

HOCHSENSIBLE SINNE

Geruchs- und Tastsinn sind bei den nachtaktiven Tieren hervorragend entwickelt. Viele haben lange, empfindliche Tasthaare. Besonders wichtig sind solche Tasthaare bei Tieren, die in Sträuchern leben und die wie die Haselmaus auf der Nahrungssuche im dichten Geäst herumklettern. Mit ihrer Geruchsempfindlichkeit riechen solche Tiere selbst in der feuchten Nachtluft weithin den Duft süßer Früchte sowie Pflanzen, die reich an Nektar sind.

Im Frühling liegt der zarte Duft der Maiglöckchen und der Weidenkätzchen über dem ganzen Wald, in warmen Sommernächten ist die

Bei Einbruch der Nacht verlassen die Jungfüchse den schützenden Bau und spielen miteinander oder erproben ihre Talente als Jäger. Mit ihrem hervorragenden Geruchssinn finden sie auch in der dunkelsten Nacht Beute.

GEFÄHRLICH

Nachts kann es im Wald für den Menschen gefährlich werden. In fremder Umgebung verliert man im Dunkeln schnell die Orientierung und verirrt sich. Außerdem ist der Waldboden oft mit Löchern und Gruben übersät, die man nachts nicht sieht und in die man hineinstolpern kann.

IN DER KÜHLE DER NACHT

Viele kleine Nachttiere müssen die Wärme des Tages meiden. Bei ihrer feinen, dünnen Haut und ihrer geringen Körpergröße würden sie in der Sonne sehr schnell austrocknen.
Den Tag verbringen sie daher meistens zwischen feuchten Blättern oder in hohlen Baumstümpfen und gehen erst auf Nahrungssuche, wenn die Luft kühl und feucht geworden ist. Die Genetzte Ackerschnecke bedeckt ihren ganzen Körper mit Schleim, um den Wasserverlust über die Haut zu verringern. Am Tag reicht diese Schutzmaßnahme jedoch nicht aus. Sie versteckt sich daher, solange es hell ist, unter feuchten Blättern und wartet mit der Nahrungssuche, bis die Nacht hereingebrochen ist.

An feuchten, warmen Abenden kommen auch die Regenwürmer aus dem Boden. In der Dunkelheit sind sie vor den Vögeln sicher, die tagsüber auf sie Jagd machen. Nächtlich aktive Wirbellose haben allerdings in der Nacht eine ganze Reihe von anderen Feinden, zum Beispiel Frösche, Kröten, Igel oder Dachse.

◀ Kröten und Frösche gehen hauptsächlich nachts auf Beutejagd. Dann besteht keine Gefahr auszutrocknen.

▶ Nachts kommen die Tausendfüßer aus ihren Verstecken unter Holzstücken am Rande des Unterholzes hervor, wo sie den Tag verbrachten.

Die Genetzte Ackerschnecke kommt erst nachts heraus. Sie ernährt sich von Waldpilzen oder frißt an Bäumen Flechten. In Gärten kann sie erhebliche Schäden anrichten.

Luft erfüllt vom süßen Duft des Geißblatts, das unter dem dichten Blätterdach der Waldbäume blüht.

Die Blüten ziehen zahlreiche Insekten an. Große Nachtfalter, wie das Abendpfauenauge und der Pappelschwärmer, fliegen nur, wenn es noch warm genug ist, sonst lassen sich ihre Muskeln nicht aktivieren. Sie sind kurz nach Sonnenuntergang unterwegs, wenn der Wald noch die Wärme des Tages hält. Im Winter wimmeln die Wälder an milden Abenden von den Männchen der kleinen Frostspanner. Diese Nachtfalter werden von dem Duft der flügellosen Weibchen angezogen, die, kaum sind sie aus der Puppenhülle geschlüpft, an Baumstämmen darauf warten, von den Männchen begattet zu werden. Auch tagaktive Fluginsekten, vor allem verschiedene Käfer und einige Fliegen, sind die ganze Nacht lang unterwegs.

DIE NATUR BEOBACHTEN

WIE BEOBACHTET MAN NACHTAKTIVE TIERE?

Ein nächtlicher Waldspaziergang ist eine Erfahrung, die man unbedingt machen sollte. Dazu gehört allerdings, daß man einige Regeln beachtet.

- Vermeiden Sie den Gebrauch der Taschenlampe. Das Licht erschreckt die Wildtiere, wenn Sie sich ihnen nähern. Außerdem vermindert sie Ihr eigenes Sehvermögen in der Nacht. Ein Tip: Viele Nachttiere können rotes Licht nicht sehen. Wenn Sie also unbedingt Licht brauchen, setzen Sie einen roten Filter auf die Lampe.
- Benutzen Sie kein starkes Parfüm, und tragen Sie keine raschelnde Kleidung; beides zeigt dem Wild Ihre Anwesenheit schon von weitem an.
- Sprechen Sie nicht laut, und bewegen Sie sich möglichst ruhig. Sonst vertreiben Sie das Wild.
- Lassen Sie die Tiere näher kommen. Setzen Sie sich ruhig hin, lassen Sie Ihren Augen Zeit, sich an das milde Licht zu gewöhnen – wählen Sie am besten eine Mondnacht –, und lauschen Sie den Geräuschen des Waldes. Suchen Sie sich einen Platz gegen den Wind und im Schatten eines Baumstamms, damit Ihre Silhouette nicht gegen den Mond zu sehen ist.

Dachse bevorzugen intakte Wälder mit trockenen Böden, in die sie ihre Baue graben können. Hier gibt es ausreichend Nahrung. In der Dämmerung kommen sie hervor und fangen Würmer, Schnecken und Kleinsäuger.

Morgenstimmung am See

Von A bis Z

Die **fett** gesetzten Seitenzahlen verweisen auf Abbildungen.

Abendpfauenauge **46**
Ackerschnecke 117
Adlerfarn 60, **61**, 61, **62**
Ameisenhaufen 52
Ameisensäure 53
Anisegerling 69, **69**
Äsung 95
Augenfalter 47

Bache 83, 86, **86**, 87, **87**
Balkenschröter 49
Bartfledermaus **58**
Bast **91**, 92
Bau **77**, 77- 81, 96-99, **97**
Baumfarn 60
Berglappenfarn 62, **62**
Bergulme **103**, 105, **105**
Bingelkraut 58, 59
Blattläuse 17, 53
Blattwanze **45**
Braunes Langohr **115**
Brombeerstrauch 14, **14**, 15, **15**
Brunft 91
Buchenspinner **45**
Buntspecht 38, **38**, **39**, **41**, 58
Buschwindröschen **58**, 59

Chlorophyll 66

Dachs **58**, **73**, 74, **74**, **75**, 96–99, **96–99**, **117**
Dachsbau 96–99, **97–99**
Damhirsch 75
Damwild 90
Distelfink 17
Douglasie **109**
Drehkiefer **109**
Dünnfleischiger Anis-egerling 69, **69**

Echopeilung **58**
Edelkastanie **103**, 105, **105**
Eibe **109**, 110, **110**
Eiche **10**, **102**
Eichenschrecke **45**
Eichenzipfelfalter 47
Eichhörnchen **2**, **12**, **19**, 20–25, **20–25**, 73, **73**
Eisvogel **17**
Ennomos-Raupe 46
Erdmaus 30
Erdstern **68**
Esche 103, **103**, 105, **105**
Esskastanie **103**, 105, **105**
Eule 114
Exkremente **83**, **97**

Fähe 76
Fährte 72–75, **72–75**, **97**
Farne 60–63, **60**
Fichte 109, **109**, 110, **110**
Fischotter **73**
Fledermaus 12, 115, **115**
Fliegenpilz 68, **68**
Föhre 109
Fotosynthese 68
Frauenfarn **62**
Frischling 83–87, **86**, **87**
Frostspanner 117
Fuchs 73, **73**, 74, **74**, 76–81, **76–81**, **116**

Gemeine Stinkmorchel 69, **69**
Genetzte Ackerschnecke 117, **117**
Geweih 48, **48**, 49, **49**, 90, **91**, 92, **93**
Grimbart 96, 115
Grüner Knollenblätterpilz 68, **68**
Grünspecht **12**, 38, **38**, 39, **39**

Haarwild 71–99
Hainbuche **103**, 104, **104**
Hallimasch 67, **67**
Halskrausen-Erdstern 67, **67**
Haselmaus 11, **11**, 14, **14**, 115
Hasenglöckchen 56, **56**
Haubenmeise **11**
Hauer 83, 87
Heckenbraunelle 16, **17**
Heuschrecke **15**, 17
Hirsch **70**, 75
Hirschkäfer 48, **48**, 49
Hohlräume 10–13
Honigbiene 12
Hornisse 12, 13
Hufnagel **47**
Hummel **12**
Hund 73, **73**, 74

Igel **116**
Iltis **11**

Kaninchen **73**, 115
Karbonzeitalter 60
Keiler 83, **83**, 85–87
Kitz 91, 94, 95, **95**, **114**
Kleiber **13**
Kleiner Eisvogel **17**
Kleiner Weinschwärmer 46
Kleinspecht 38, **39**
Klimaerwärmung 57
Konifere 103, 108–113
Königsfarn **60**, 61
Krabbenspinne 47
Kratzbeere 16, **16**
Krause Glucke 67, **67**
Krautschicht 58, 59, **109**
Kronenschicht 58, 59
Kröte **117**
Kupferglucke **45**, 46

Lamellen 64–67
Lanzenspanner **47**
Lärche 109, **109**, 110, **110**
Larve 49, **49**
Laubbäume 100–107
Losung 91

Maus 11, 30–33, 59
Meise 11
Moltebeere 16
Mondvogel 46
Moosschicht 58
Muscarin 66
Myzel 66

Nachtfalter 44, 45
Nachtigall **114**, 115
Nadelbaum 101, 103, 108–113
Natternzunge **62**
Nerz **73**
Nisthöhlen 10–13

Paarhufer 75
Pappelschwärmer 46
Perlpilz 69, **69**
Pfaffenspanner **45**
Pfifferling 67, **67**
Pillenfarn **61**
Pilze 59, 64–69
Prothallium 61, **61**

Ratte **73**
Raupe 45
Reh **16**, **73**, **75**, 90–95, **91–95**
Rehbock 90–95, **90**, **91**, 93, **93**
Rehwild 90–95
Revier 94
Ricke 94, **95**
Riesenlebensbaum **109**
Rippenfarn 63, **63**
Rose **90**
Rosette 63
Rosskastanie 102, **102**, **103**, 105, **105**
Rotbuche 103, **103**, 104, **104**
Rote Waldameise 52, **52**, 53, **53**
Rötelmaus 30–33, **30–33**, 115
Rothirsch 75, **75**
Rotkehlchen 16, 58

Safran-Schirmling 69, **69**
Samen **108**
Scharbockskraut **57**
Schildkäfer **46**
Schmetterling 17
Schwanzmeise 16, 17, **17**
Schwarzerle **103**
Schwebfliege 17
Siebenschläfer **10**, 11, **11**, **115**, 116
Sitkafichte **109**, 112
Skorpionsfliege **17**
Sohlengänger **74**
Sori 61, 63
Spanner 44, **45**, 47
Specht 11, 38–41
Specht-Tintling 69, **69**
Speisemorchel **57**
Sperber **59**
Spermatozoiden 61
Spiegel 90, 91, **92**, **93**
Spinner 45
Sporen 61, 66–69
Spuren 72–75, **72**, 82
Steinbeere 16, **16**
Steinkauz **116**
Steinpilz 69, **69**
Stieleiche **103**, 104, **104**
Stinkmorchel **66**
Strauchschicht 58, 59
Sumpflappenfarn 63, **63**
Symbiose 66

Tanne 108, 109, **111**
Tarnung 44–47
Tausendfüßer **117**
Totentrompete 67, **67**
Traubeneiche **103**, 104, **104**
Turmfalke **13**

Ulmenkrankheit 103
Ulmenzipfelfalter 17

Veilchen **57**

Wacholder 109, **109**, 111, **111**
Waldbaumläufer 34–37, **34–37**
Waldfledermaus **11**
Waldkauz **10**, **13**, **56**, 114, 115, **115**
Waldkiefer **108**, 109, **109**
Waldlaubsänger 58
Waldmaus **12**, **16**, **73**, **116**
Waldschnepfe 26–29, **26–29**, 58
Wedel 60–63, **60**, **61**
Weißtanne 109, **109**
Welpen 76–81, **76–81**
Wildkatze **73**
Wildschwein 82–87, **82–87**
Winterschlaf 11
Wirbellose 59, 115
Wohnkessel 96
Wolliger Scheidling **12**
Wühlmaus 33
Wurfkessel 86, 87

Zapfen 108–112, **108**
Zitronenfalter 46, **47**,
Zwergmotte 16

BILDNACHWEIS:

Abbildung Umschlag: © mauritius images (Hans Reinhard); Abbildungen Umschlagrückseite: © links oben: A (J. Bailey), links Mitte: Blickwinkel (H. Brehm), links unten: NHPA (A. Rouse), rechts: Blickwinkel (B. Liedtke); Vorsatz/Nachsatz: Blickwinkel/R. Linke; Seiten 4: Blickwinkel/O. Giel; Blickwinkel/B. Liedtke; NP/P. Sterry; 5: OSF/K. Porter, NHPA/A. Rouse; H. Angel, FLPA/M. J. Thomas; 6: Blickwinkel/B. Liedtke; 8: Blickwinkel/O. Giel; 9: Blickwinkel/O. Giel; 10: FLPA/ J. Rohdich, WWI/M. Hamblin, NP/E. A. Janes; 11: NP/P. Sterry, NHPA/M. Grey, NP/C. Carver, BC/G. McCarthy; 12: BIO/P. Ormerod, NP/S. C. Bisserot, H. Angel, BIO/J. Venus; 13: NP/R. Tidman; 14: OSF/T. Sheperd, NP/O. Newman, NP/P. Sterry; 15: NP/D. Washington, NP/P. Sterry; 16: FLPA/A. R. Ambling, OSF/B. Gibbons, FLPA/M. Hollings, FLPA/M. Clark; 17: NP/P. Sterry, FLPA/R. Tidman; 18: Blickwinkel/H. Brehm; 19: Blickwinkel/B. Liedtke; 20: FLPA/H. D. Brandl; 21: FLPA/E & D. Hosking, Mike Read, FLPA/F. Merlet; 22: Mike Read, FLPA/H. Hautala; 23: FLPA/Silvestris; 24: BC/A. G. Potts, Mike Read; 25: FLPA/E & D. Hosking; 26: OSF/I. Cushing; 27: OSF/T. Tilford, AQ/B. Speake; 28: BBC/B. Castelein, A/C. Knights, AQ/M. C. Wilkes, NP/R. Tidman. FLPA/Foto Natura, Ellinger; 29: NP/D. Hawes, AQ/M. C. Wilkes, FLPA/A. Christiansen; 30: FLPA/G. Laci; 31: BC/P. Clement, OSF/I. West; 32: FLPA/H. D. Brandl; 33: OSF/R. Jackman, OSF/M. Leach, OSF/R. Redfern; 34: OSF/P. Laub; 35: OSF/J. Korenromp, FLPA/R. Wilmhurst; 36: NHPA/S. Dalton, A/S. Robert, NHPA/L. Campbell, KINA, NP/D. Smith, L. Campbell; 37: FLPA/H. Clark, NHPA/S. Dalton; 38: BBC/M. Wilkes, BBC/D. Cottridge; 39: BBC/M. Wilkes; 40: BC/Dr. H. Brehm, FLPA/M. Walker; 41: Blickwinkel/B. Liedtke; 42: Blickwinkel/Hecker/Sauer; 43: Blickwinkel/F. Hecker; 44: NP/P. Sterry, FLPA/R. Tidman; 45: BC/Jules Cowan, BC/William S. Paton, BC/Gorden Langsbury; 46: BC/Colin Varndell, BC/Geoff Dore, NHPA/Helio & Van Ingen, BC/George Mcarthy, Bio/Jeremy Thomas; 47: Aspic/Jacana; 48: NP/P. Sterry, NP/R. Bush; 49: M. Chinery, NI/A. S. Harmer, NI/D. Element, NP/S. C. Bisserot; 50–51: Blickwinkel/A. Hartl; 52: FLPA/A. Wharton, NP/N. A. Callow; 53: NP/T. Wharton, NP/N. A. Callow, L. Campbell; 54: Blickwinkel/M. Popow; 55: Blickwinkel/P. Cairns; 56: H. Angel, OSF/K. Porter, OSF/M. P. L. Fogden, M. Wilding; 57: F. Blackburn, OSF/G. I. Bernard, E. A. James; 58: OSF/D. Bown, M. Leach, P. Elliot; 59: F. Blackburn; 60: H. Angel, OSF/T. Heathcote; 61: H. Angel – OSF/D. Fox, FLPA/F.Polking – OSF; 62: NP/P. Sterry, AQ/A. Cardwell; 63: H. Angel; 64–65: Blickwinkel/E. Kajan; 66: FLPA/R. Wilmhurst, K. G. Preston-Mafham; 67: K. G. Preston-Mafham, BIO/H. Angel; 68: K. G. Preston-Mafham; 69: K. G. Preston-Mafham; 70: Blickwinkel/R. Linke; 71: Blickwinkel/H. Pieper; 72: FLPA/D. Grewcock; 73: FLPA/J. Tinning; 74: FLPA/R. Hosking, NI/M. Woods, FLPA/D. Middleton; 75: NP/P. Sterry, FLPA/M. Callen; 76: NHPA/A. Rouse; 77: OSF/G. I. Bernard, A. E. Dragesco; 78: OSF/T. Heathcote; 79: FLPA/T. Whittaker, OSF/G. I. Bernard, A/S. Meyers; 80: OSF/I. West, A. M. Watson; 81: OSF/I. West, A/J. Daniels; 82: A. Rouse; 83: BBC/J. Ruiz, FLPA/R. Bender; 84: BC/H. Reinhard; 85: A. Rouse, FLPA/E. & D. Hosking; 86: BC/H. Reinhard, FLPA/G. Lacz, FLPA/R. Bender; 87: NHPA/M. Harvey, BC/H. Reinhard; 88–89: F. Vidal/Bios; 90: A. Rouse; 91: A. Rouse; 92: NHPA/M. Danegger; 93: AQ/R. Siegel, NHPA/M. Danegger; 94: NHPA/M. Danegger, FLPA/M. Clark; 95: NHPA/M. Danegger, FLPA/G. Lacz, FLPA/R. Bender; 96: NP/C. Carver, BC/H. Reinhard; 97: M. J. Woods, BIO/G. Kinns, OSF/M. J. Coe, FLPA/S. C. Brown, OSF/R. Redfern, BIO/Paul Ormerod; 98: A/J. Bailey, BIO/G. Kinns, WWI/A. Hadley, OSF/R. Redfern; 99: OSF/M. Hamblin, BC/H. Reinhard, BBC/ K. Keatley; 100: Blickwinkel/Broders; 101: Blickwinkel/D. Mahlke; 102: FLPA/H. Angel, C. Newton; 103: H. Angel; 104: H. Angel, FLPA/M. J. Thomas; 105: H. Angel, FLPA/W. Wisniewski, J. Watkins; 106-107: Blickwinkel/R. König; 108–110: Midsummer Books; 111: Midsummer Books, Blickwinkel/C. Hütter; 112: Midsummer Books; 113: Blickwinkel/P. Cairns; 114: NP/F. B. Blackburn, BIO/P. Ormerod, NP/R. Tidman; 115: OSF/M. Leach, OSF/Prestige Picture, NSP/S. Downer; 116: OSF/M. Leach, OSF/I. West, NP/E. A. Janes, BC/J. Burton; 117: OSF/I. West, NSP/R. Revels, OSF/K. Atkinson, NHPA/S. Dalton; 118–119: Blickwinkel/M. Delpho. Dalton.